万川
reflections

一
步
万
里
阔

U0193971

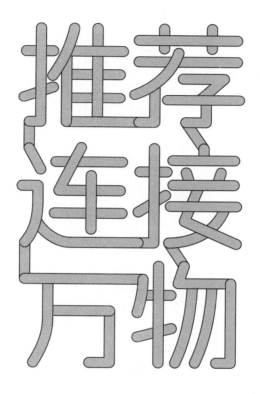

推荐连接万物

闫泽华 —— 著

中国工人出版社

自　序

5 年后再议推荐，推荐改变了什么？

5 年前，当大家面对今日头条的快速崛起，面对推荐算法在内容分发领域的应用，还充满了种种讨论和争辩：坚定鼓吹者有之，心存疑窦者有之，全情投入者有之，作壁上观者亦有之。编辑分发、社交分发和推荐分发，三种分发模式三分天下，不同的应用逐鹿于图文分发战场。

5 年后，一度龙血玄黄的图文分发战场早已尘埃落定、归马放牛，如今，新闻客户端的竞争早已无人提及，在一次次上滑间，短视频推荐时代悄然降临。抖音的快速普及和卓越成绩，也让大家习惯了推荐算法的存在，除了用户和内容之间的连接，用户和商品、用户和服务、用户和用户之间，也都通过推荐算法更高效地连接到了彼此。

推荐，深刻地改变了用户与这个世界连接的方式，让每个人都享受到更加个性化的内容与服务；推荐，也深刻地改变了产品运营人员的工作方式，拍脑袋定方案、人工制定规则的做法在今天已然落伍，转而需要学习与推荐系统协作，以实现更高效、更个性化的产品方案。

在这 5 年间，我个人先后经历了内容分发、会员、职业教育和招聘等不同形态的业务，通过将推荐能力应用在不同的场景中，收获了相应的业务指标增长。更多元的应用经验，也让我再次谈论起推荐系统时，多了些新的认知思考和实践沉淀：

如果你是平台侧的产品经理或是运营人员，想要了解推荐机制、平台机制，学习如何更好地与推荐算法协作，将推荐能力应用于自己的业务场景；

如果你是业务侧的运营人员或是编辑人员，除了以各种奇技淫巧揣摩平台的推荐算法，还想要更多一点去了解推荐平台底层是如何工作的，平台上的种种指标是如何产出的，各种运营策略是如何制定出来的。

那么，时隔 5 年，这些围绕推荐系统迭代过的新知识、新经验和新观点，可以给你一些参考。

本书主要聚焦产品运营的角色，一起探讨产品运营人员应该如何理解推荐算法，如何在不同的功能场景下应用推荐算法，如何从平台业务的角度对算法结果进行干预和再平衡。

首先，我们将从标签体系着手，通过静态的信息分析和动态的行为投票来构筑起网状的画像结构。通过了解推荐系统的基础

　　　　　　　　　　　　　　　　　　推荐连接万物

架构，来知道我们需要如何改造系统，才能获得最优的效果。

然后，我们以产品运营的业务实例作为切入点，分别聊聊新用户冷启动、老用户兴趣探索、推荐列表、推送服务、搜索服务和关注服务等不同场景下，产品运营应该如何应用推荐能力；剖析日会碰到的推荐重复、推荐密集、内容时效性等典型问题。

接下来，我们升维到业务角度，去探究效率型、污染型、公平型指标究竟代表什么，我们又该如何在用户和生产者、用户和平台商业化之间找到可能的平衡点。从更全景的维度去思考，我们应该如何用好推荐能力。

此外，我们将着重阐述不同功能场景下推荐的应用，辅以内容、电商、社交等业务中的应用实例。在每个章节中，都会枚举市面上已有产品功能或个人所经历过的业务实践，以期给大家提供可以实操落地的借鉴。

和其他书籍相比，本书并不试图剖析推荐算法的数学内核，而是希望阐明我们如何将推荐算法作为一部引擎，恰当地嵌入不同的业务环节中，以达成目标，提升效率。

产品业务需要不停地迭代，产品运营人员的认知和能力也需要随着业务进行。我们常说，产品运营人员的成长奥义在于"吃过见过"，通过看到更多行业内先进的实践，从中获得思考和借鉴，从而找到和自身业务的结合点。

希望5年后的这本书，能够帮助你更好地了解如何在产品运营工作中应用推荐，给业务和自己带来更大的增量和成长。

目 录

第六章　推荐外的思考

第一章　走近推荐系统

当我们审视不同的业务模型时，发现最核心的就是"连接"二字：

内容业务：如抖音、知乎，连接的是人和内容；

电商业务：如拼多多、淘宝，连接的是人和商品；

社交业务：如Boss直聘、陌陌，连接的是人和人。

应用于不同"连接"场景下的算法模型，即便再复杂，也跳不出基础的框架：更深刻地理解业务两端的对象（人和内容、人和商品、人和人），才能实现更高效准确的连接。

产品运营人员通过理解推荐算法的基础原理和推荐系统的工作方式，设定合理的目标与评价标准，就能够和算法人员协作好，将推荐能力应用于推荐系统。

那么，就让我们从画像开始，理解我们的用户和服务，一起走近推荐系统。

从断物识人开始理解推荐

从线性规则干预到协同算法的应用，再到只可意会难以言传的深度学习、神经网络和大模型等，今天的推荐算法正在变得越来越精妙，推荐系统也在变得越来越高深和复杂。对与推荐系统协作的产品运营人员来说，我们或许不需要一上来就陷进推荐算法背后复杂的数学模型和论文里，而是可以更朴素地，从理解推荐系统的基础原理出发：

推荐系统是一个连接器，一端是物（内容、商品、服务），一端是人。

• 物的部分，无论是内容、商品还是服务，当它们投射到线上后，都是以信息的方式来呈现的：商品和服务需要通过详情页的图文、视频信息来呈现自己的特点，以帮助用户进行决策。

• 人的部分，当用户投射到线上，是以行为动作的方式来呈现自己的轨迹：是否有查看特定信息的行为、是否有点击相关信息的动作、是否有更进一步的交互沉淀，如评论、分享、下单，等等。

经由物和人的线上化投射，我们不难发现：与其说推荐系统连接的是具象的物与人，不如说推荐系统连接起的是两个抽象的信息集合。当物和人都变成了信息与动作的流动字节，只要我们能够更好地理解这些信息，就可以更高效地完成双方的对接。

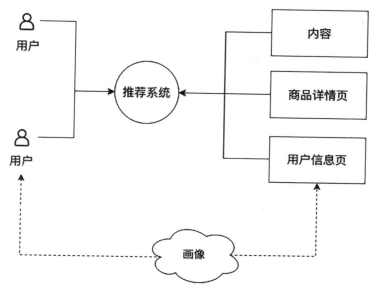

图1-1　推荐系统是一个连接器，一端是物，一端是人

理解用户和消费对象的特点，构建出人与物的业务画像，断物识人是一切推荐系统的起点。

何为画像：标签化人与物

既然推荐系统是用来高效地连接人和物的，那么，就让我们模拟一个场景，你会如何给朋友推荐一首歌曲呢？

你的回答或许是："这是某某歌手某张专辑的主打，是一首情歌，拿下了当年的金曲奖。"

在这一句短短的介绍中，你就已经提及了这首歌曲的几个标签信息：

- 创作者信息：某歌手、某专辑；
- 歌曲分类：情歌；
- 获奖信息：某年金曲奖。

单个标签可以表征物品特定维度的特性，多个标签的结合就可以更完整立体地描述一个物品。

延续上面歌曲推荐的例子，如果我们想要构建一个歌曲标签库，从而尽可能完备地刻画每一首歌曲各方面的特点，又该如何做呢？

业界给出了两个答案：其一，引入专家的知识进行自上而下的构建（PGC）；其二，调动群众的力量进行自下而上的构建（UGC）。

引入专家知识就像是传统词典的编撰工作，邀请行业内专家前置构建出一部尽可能完备的词典，从而让待推荐的对象能在其中找到可关联的标签。

一个典型的专家系统示例，是音乐推荐引擎潘多拉（Pandora）的音乐基因工程。在这项工程中，歌曲体系被抽离出450个标签，细化到如主唱性别、电吉他失真程度、背景和声类型等。每一首歌曲都会经由工作人员耗时二三十分钟，有选择性地标注一些标签，并以从0到5的分值代表这一标签的表征程度。正是这项浩瀚的工程奠定了潘多拉音乐推荐的基础，并成了它的专利法宝。

尽管结构严谨、叙事完备，专家系统仍然有其不方便的地方。最典型的问题就是因为标签体系是事前定义的，所以灵活性打了折扣，无法响应新内容的产生。比如，最近一两年兴起的国风化和不同音乐形式的结合，如国风摇滚、国风饶舌，就很难在事先编辑好的专家系统里找到对应的标签。

伴随着去精英化的叙事，很多平台选择将定义标签的权力下放，就像维基百科一样，希望通过普通用户的力量构筑起一个更多元化、更实时化的标签集合。

以豆瓣为例，给音乐打标签的过程从专家产出转为了普通网友贡献。群体力量为豆瓣积累了大量的具有语义表意性的内容，也让整个标签库的更新迭代速度变得更快：如最新的获奖信息、新的融合曲风等时效性相关的标签能够及时地被绑定到对应的歌曲上。

有所得必然有所失，因为缺乏专家的标准化约束，群体贡献的标签存在信息冗余、错误等问题，需要进行清洗、归一化和降噪后，才能够被有效地应用。以图 1-2 为例，该图截自豆瓣音乐的标签系统，图中被框选的部分：J-POP 和 JPOP、英国和 UK 等标签，都是表意相同的重复标签，只有经过表述归一化的清洗后，这些标签才可以被更有效地应用。

既然物品可以通过标签来刻画，那么用户也可以通过标签的方式来刻画。如图 1-3，就是笔者在豆瓣FM的音乐基因名片。

那这张音乐基因名片是怎么来的呢？恰如消费主义时代常见的一句话："你消费了什么样的内容，你就是什么样的人。"平台

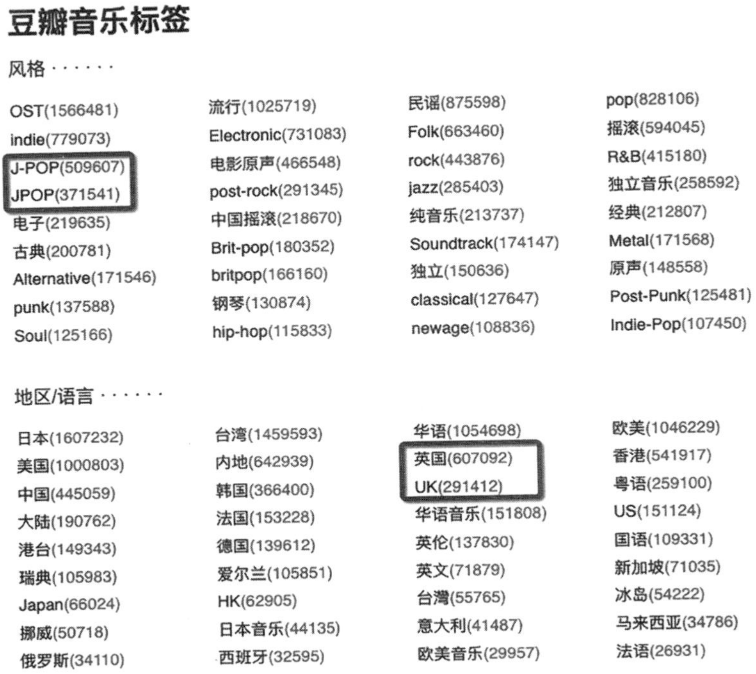
豆瓣音乐标签
风格……
OST(1566481)
流行(1025719)
民谣(875598)
pop(828106)
indie(779073)
Electronic(731083)
Folk(663460)
摇滚(594045)
J-POP(509607)
电影原声(466548)
rock(443876)
R&B(415180)
JPOP(371541)
post-rock(291345)
jazz(285403)
独立音乐(258592)
电子(219635)
中国摇滚(218670)
纯音乐(213737)
经典(212807)
古典(200781)
Brit-pop(180352)
Soundtrack(174147)
Metal(171568)
Alternative(171546)
britpop(166160)
独立(150636)
原声(148558)
punk(137588)
钢琴(130874)
classical(127647)
Post-Punk(125481)
Soul(125166)
hip-hop(115833)
newage(108836)
Indie-Pop(107450)
地区/语言……
日本(1607232)
台湾(1459593)
华语(1054698)
欧美(1046229)
美国(1000803)
内地(642939)
英国(607092)
香港(541917)
中国(445059)
韩国(366400)
UK(291412)
粤语(259100)
大陆(190762)
法国(153228)
华语音乐(151808)
US(151124)
港台(149343)
德国(139612)
英伦(137830)
国语(109331)
瑞典(105983)
爱尔兰(105851)
英文(71879)
新加坡(71035)
Japan(66024)
HK(62905)
台灣(55765)
冰岛(54222)
挪威(50718)
日本音乐(44135)
意大利(41487)
马来西亚(34786)
俄罗斯(34110)
西班牙(32595)
欧美音乐(29957)
法语(26931)

图1-2　豆瓣音乐的标签系统截图

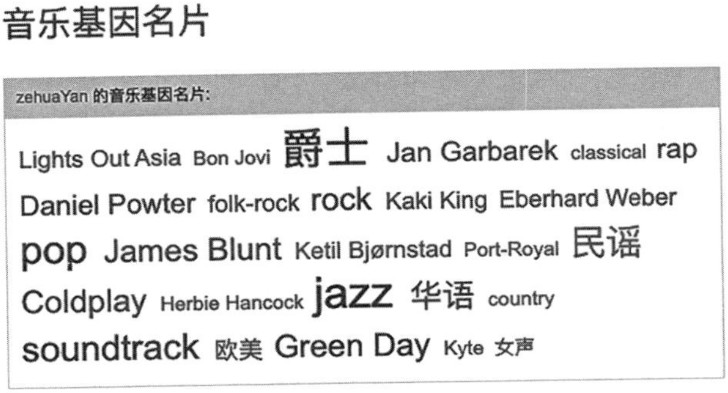
音乐基因名片
zehuaYan 的音乐基因名片:
Lights Out Asia
Bon Jovi
爵士
Jan Garbarek
classical
rap
Daniel Powter
folk-rock
rock
Kaki King
Eberhard Weber
pop
James Blunt
Ketil Bjørnstad
Port-Royal
民谣
Coldplay
Herbie Hancock
jazz
华语
country
soundtrack
欧美
Green Day
Kyte
女声

图1-3　作者在豆瓣FM的音乐基因名片

首先对提供的物品进行了标签化，再基于我们消费了哪些物品，这些物品上高频共现的标签是什么，来体现作为消费者的我们具有什么样的标签。

以豆瓣FM为例，它基于用户的红心歌曲、专辑收藏记录进行计算，从而得出了这幅记录用户音乐偏好的歌手和风格列表的标签云，图中标签的尺寸越大代表用户对这个类型的音乐越感兴趣。

在应用场景内，给物品或用户打标签的过程就被称作构建物品画像和用户画像。在这一过程中，我们有如下的拓展应用空间：

- 应用场景限定信息切片：尽管人是丰富而立体的，但是当我们在使用特定应用的时候，就只有一部分行为被沉淀在对应场景下。这就使得应用内的标签是有场景限定的，比如音乐软件只关心我偏好什么样的音乐，电商软件只关心我的消费习惯。各个应用更聚焦于自己应用场景的用户和物品画像。

- 信息丰富度的多维扩展：物品是可以绑定多重标签的，当一个物品被挖掘出更多维度的标签，就能够被更充分地理解、更广泛地推荐。比如一首歌曲既有歌手标签，又有曲风的标签，还有场景的标签，就可以被推荐给歌手的歌迷群体，推荐给对这一曲风感兴趣的用户，或者结合场景（如读书、运动等）进行推荐。

- 基于一致标签建立连接：如果物品和用户身上都打上了同一种标签，那么双方自然可以高效地连接在一起。比如，发现用户对爵士乐比较感兴趣，那么系统就可以源源不断地将更多的爵士乐推荐出来。作为一个连接双边的推荐系统，探索出更多物品的标签，沉淀出更多用户的标签，就能够更好地提升系统的连接规模和连接效率。

组织画像：树状或网状

为了构建画像，我们需要在一个人或一个物身上打很多维度的标签，那么这些标签该如何组织呢？

能够想到的最直观的方式是构建一棵分类标签树，自上而下地划分层级。在树状结构里，在父子节点层面存在唯一继承关系，在兄弟节点层面符合严格的MECE法则（"Mutually Exclusive Collectively Exhaustive" 的缩写，是麦肯锡咨询顾问芭芭拉·明托在《金字塔原理》中提出的一个思考工具，旨在表达"不重叠，不遗漏"），每一维度属性都具有可以被完全枚举的属性值。

比如，基于性别、年龄段划分用户，基本上就能够覆盖全体用户了；对于内容和商品来说，构建出一级、二级、三级类目，让每一篇内容或每一件商品都能够找到自己的唯一所属分类。我们在电商、内容等场景内，都能够见到各种分类体系的展示。

但是，分类作为一种高度抽象、规则严格的方案，也存在表意性不足的问题。

其一，树状结构的扩展性较弱。由于树状结构是通过专家信

美食餐厅　　品质外卖

| 附近 ▼ | 美食 ▲ | 智能排序 ▼ | 筛选 ▼ |

美食分类　　　　　　　　　　　　多选

全部美食	全部小吃快餐
小吃快餐	快餐简餐
烧烤烤串	小吃
自助餐	麻辣烫
韩国料理	炸鸡炸串
粤菜	西式快餐
其他美食	饺子
北京菜	熟食熏酱
鱼鲜	包子
小龙虾	老北京小吃

内衣　男装　母婴　运动　保暖　　　鞋靴

精选分类　　上装　　下装

羽绒服	卫衣	运动裤	羊绒毛衣	套头卫衣
休闲裤	针织衫	牛仔裤	直筒裤	男式针织衫
外套	男式羊绒衫	男式羊毛衫	加绒卫衣	皮衣皮草

图1-4　电商分类体系的展示

息设定好的，难免会遗漏一些规模较小的场景。比如，每次我在发布微信公众号文章的时候，都很挠头：自己发表的关于产品、策略相关的文章，貌似属于"科技"分类，但是在"科技"的下层分类里，我总感觉找不到合适的类目。

其二，无法处理交叉分类的情况。如果一个内容兼具A和B两个分类的特质，那么在严格的树状结构里，只能按照置信度归属于单一的叶子节点，而无法从属于多个节点。比如，一篇关于罗永浩老师做直播业务的访谈文章，究竟是放在"科技"下更合适，还是放在"人物访谈"下更合适？

为了优化树状结构存在的表意性问题，在业务实现中，我们引入了网状结构，更多地通过标签网络的方式来表征一个用户、一个群体。

从扩展性上，标签网络的方式扩展性更强。系统可以通过例行的关键词挖掘、聚类等方式滚动生成新的类别标签。比如，当产品策略相关文章的发布量逐步变多时，就会基于这些内容聚类出新的语义标签"产品策略"。

从多属性上，由于一个对象上可以承载多个标签，也使得语义的被覆盖性更强。例如，前面提到罗永浩老师做直播业务的访谈文章，可以同时有"科技"和"人物访谈"两个标签，可以面向同时具有两个标签的用户分别进行分发。

从拓扑结构来看，网状结构是可以包含树状结构的，所以网状标签也可以被应用于分类的场景中。但是网状的标签结构更强调对象的属性特质（Hasa）而非继承关系（Isa），这样就可以进一步通过数值的方式来描述权重高低，而不再强调包含与被包含的关系。

以服装为例，我们有羽绒服、卫衣、运动服的分别，也有男装、女装的分别。在树状的体系下，我们需要首先构建男装、女装的一级分类，再构建如羽绒服、卫衣等的二级分类，一件衣服绑定的是"羽绒服（男装）"的分类标签；而在网状的体系下，我们允许同一件衣服有男装、羽绒服的标签，还可以有国风、潮牌等标签，而在显示层决定是以男装为第一级的显示，还是以羽绒服为第一级的显示。

在构建标签的实践过程中，我们往往遵循"先人工、后智能"的法则，先前置设定一版专家分类进行业务的基础迭代，再伴随着业务规模的增长，逐步增加更多标签，从而兼顾研发实现的便捷性和业务迭代的效率性。

图 1-5 援引自字节跳动曹欢欢博士的分享，即今日头条内部对于特定文章的画像表示。

- 实体词标签，抽离出文章中的人名和地名，并按照权重自上而下排列，包含了如玛莎波娃、威廉姆斯等人名。
- "2048Topic"则是字节跳动通过文本聚类方式所形成的类别，每一个类目通过一串关键词来表征，而并不强调一定要拿一个词来概括。图中所示的文章，《莎娃连续 17 次不敌小威》概率最高的话题标签是 1233 号聚类，通过破发、种子、发球局等关键词来表征这个话题聚类。

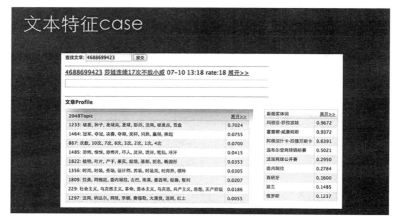

图1-5　今日头条内部对于特定文章的画像表示

构建画像之一：静态信息分析

怎么更好地构建出物品画像和用户画像呢？我们可以从静态信息分析和动态行为投票两个角度来进行拆解。

当一个人或者一个物加入系统时，对于系统而言，它就是一个全新的、在系统内没有任何信息沉淀的对象。面对全新的对象，我们只能依赖于其有限的静态信息，去构建起我们对于这个人或者物的初印象，后续通过冷启动、兴趣探索的过程引导他/它一步步地融入我们的系统当中。

首先，我们需要分析对象有什么固有的静态信息。

- 对于图文内容而言，有标题、正文、创作者等信息；
- 对于视频内容而言，有标题、创作者、视频画面+音轨等信息；

　　• 对于商品而言，有图文详情页、价格、发货地、商家等信息；

　　• 对于用户而言，有用户的设备属性、位置属性、自然属性（年龄、性别）等信息。

　　需要注意的是：对于内容和商品来说，除了有自身的特质，还引入了创作者/商家的概念。这种做法看上去或许有点唯出身论，但确实是我们在实践过程中验证有效的方式，我们通过创作者/商家的历史内容、历史商品的情况，来对新内容和新商品进行参照和佐证。

　　以豆瓣音乐为例，平台对音乐人就做了标签化的分类。一个音乐人发布的新专辑，大概率是秉承其既往音乐风格的、适配于过往听众的，我们可以将发布者的信息作为前置可参考的内容，运用到新作品的静态信息分析当中。

　　这也是为什么在电商平台、内容平台上，存在"养号"的说法——账号过往累积的信息能够影响新发布内容或商品的特质。

　　其次，我们需要对这些静态信息进行筛选和量化，并将其关联到已有的集合里。

　　筛选，是以业务场景目标为导向的信息选择过程。

　　如前所述，我们某一款应用服务只能承载用户特定的意图。所以，我们并不是不加选择地使用所有信息字段，而是结合业务场景，挑选那些更有区分度、更有转化效用的信息字段。

　　举例而言，你会怎么给人介绍一个他不认识的新朋友A呢？

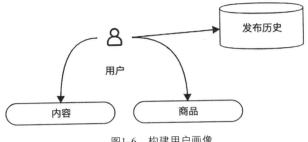

图1-6　构建用户画像

- 对互联网的同事，你也许会说："他是某公司的高级工程师，负责了某系统的开发。"
- 对球友，你也许会讲："他大学时期是校篮球队的，拿过两次全市冠军。"
- 对酒友，介绍的方式或许又会变成："我担保他是个好酒友，有量有趣，从不冷场。"

"高级工程师""篮球""有酒量""人有趣味"等，都是我们枚举出的朋友A的特质，有职业维度、兴趣爱好维度等。"负责某系统的开发""全市冠军"等，则是对"高级工程师""篮球"的量化描述，用来更明确地表述其擅长的程度。

在面对不同人做介绍的时候，我们刻意筛选出了他身上的部分标签，只有契合场景下受众特点的特质，才更能够引发共鸣，实现更好的效果。同样，在构建画像的时候，我们也会优先选择和产品场景更相关的静态信息，再进行后续的分析。

量化，是我们基于静态信息分析出标签后，进行的归一化和打分的过程。

以内容为例，我们会通过自然语言处理的方式对于新发布的内容进行解析，来预判其可能的标签情况，并通过数值表征它在不同标签体系下的置信度情况。

如前文图 1-5，一篇文章经由基础的文本分析技术，被关联到关键词体系中，并通过数值来刻画其强度。如"西班牙""小威"的权重更高，"大满贯""半决赛"的权重相对较低。

基于场景需求完成了信息筛选和量化后，我们就可以将这些静态信息的特质和已有的数据集合进行关联，从而使得新的内容或新的用户进入系统时，能够更快速地找到相似的族群，根据族群的特点找到自己更可能的目标受众。

以内容为例，我们可以基于对于一篇内容的文本进行分析，判断这篇内容的分类（如篮球），这样，就可以尝试将这篇内容分发给那些对篮球类内容表现出兴趣的用户。同样，我们可以按照用户的静态属性，将其和已有的用户群相关联。以地理位置为例，可以通过是否常住城市来进行用户服务模式的区分：

• 常住模式，基于用户经常打开应用时的地理位置，推荐本地资讯、当地热门内容、天气变化信息之类的内容。在此基础上，我们还可以进一步细化到常住地点。以打车软件为例，在工作日每天晚上下班时段的终点位置，大概率是"家"所在的地点。我们会发现，在不同时间、不同位置打开出行软件，服务会基于过往的信息统计，推荐出我们更可能选择的目的地。

• 旅行者模式，在美食团购类 App 里，默认是基于所处位置进行推荐的。但是，当你离开常住城市进入其他城市时就会发现，App中会增加一个旅行者模块，其提供的内容更多考虑游客打卡的餐厅知名度而非单纯的距离因素。

某短视频平台在分析新用户留存的时候发现：其南方城市的新用户留存显著低于北方城市的新用户留存。进一步拆解下，产品运营人员意识到，由于该平台长期以来深耕北方，使得其内容池的资源整体上更偏向北方用户的偏好，这样，当新用户进入推荐系统时，其看到的内容往往更偏北方叙事风格，而非契合当下的习惯。

于是，在静态信息分析的过程中，他们基于IP地址和地理位置信息，将新用户拆分到了具体的城市，根据城市内的高热内容而非全国范围内的高热内容进行针对性的推荐，从而获得了新用户留存提升的效果。

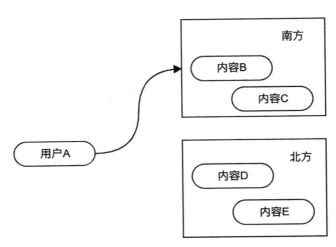

图1-7　通过静态信息分析,提升新用户留存

　　　　　　　　　　　　　　　　推荐连接万物

构建画像之二：动态行为投票

当我们在构建用户或物品画像时，依靠静态信息分析往往只能够得到最为基础的信息，以此进行起步阶段的探索和尝试。想要真正了解一个人的偏好或者一则内容的优劣，则要经过实践的检验，即动态行为的投票。

• 在物的角度，当一首新歌发布时，我们可以根据基础分类了解到这首歌是饶舌风格还是民谣风格。但至于歌曲是否卖座，就不是静态信息能够预测出来的，而需要依靠市场的检测，即是不是有足够多的用户愿意收听歌曲、购买数字专辑等。唯有用户行为，才能够判断一则内容或一件商品是否畅销。

• 在人的角度，很多产品都会在新用户注册阶段，让用户选择自己的兴趣偏好。可用户在表达的时候，往往有自我美化的倾向，表达"超我"；只有落地到具体的场景当中，才会有实打实的行为轨迹，显示出"本我"究竟是什么模样。比如，很多用户在兴趣偏好里会选择科技、财经类目等，但是真正进入应用时，用户消费的往往是更抓眼球的娱乐、社会新闻等。如果真的只遵循用户选择的兴趣做推荐，那可就生生地将推荐系统做回到RSS订阅系统了。

从微观上来看，之所以提出"使用一款应用的时间越长，这款应用就越懂你"，本质就是因为用户的行为密度高，积累了足够多的正向数据和负向数据，让系统有更可信的用户画像。

从宏观上来看，大用户体量的系统大概率比小用户体量的系统推荐效率高，也因为有足够多的参与者进行投票，使得其能够更快地构建出更可信的物品画像和用户画像，从而实现正向循环。

"怎么说不如怎么做"，这就是我们更注重使用动态行为来构建画像的原因。

为了细分用户的行为轨迹，我们会按照行为的路径顺序、行为的权重进行细分，比如：

- 内容产品：曝光、查看、有效查看、正向交互行为（收藏、评论、分享）；
- 电商产品：曝光、查看、收藏、加购、下单、退货、评价；
- 社交产品：曝光、查看、加好友、沟通频次。

通常，如果一项行为的成本越高、离业务的目标结果越接近，那么该行为的置信度和贡献度也应该越高。比如，如果一篇文章的用户点击查看量很高，但停留时长不足，那么大概率是没有消费价值的标题党文章；又如，如果一件商品的成单量很大，但是退货量也很大，那么这件商品可能存在着用户不可接受的硬伤。在这两个场景下，有效阅读时长、有效消费行为，都因为离业务目标更接近，从而获得了更高的权重，应该在系统的推荐应用中起到更大的作用。

用户在应用中的每一个动作，本质上就是对系统服务的一次正向或负向的投票行为，这种投票行为不仅影响了用户自己在系统当中的画像，同样影响了那些被消费的对象在系统中的画像：

- 一个人不断忽视或拒绝一类商品，意味着他对这类商品不感兴趣；

推荐连接万物

• 而一群偏好某类内容的用户都拒绝了同一篇内容，就意味着这篇内容在该分类下不应该得到较高的评价。

在实际应用过程中，常见的用户行为和使用方式有：

有效查看行为

在内容消费场景下，点击并不代表用户消费了，我们通常会增加时间维度的校验来确保用户对这次内容消费是满意的。所以无论是图文还是视频，都会通过消费时长或消费完成度来校验用户行为的有效性。

对于图文来说，会检测用户是否有滚动屏幕的操作，以及用户在详情页停留的时长。基于这两个值来判断用户是真的阅读了内容，还是仅仅滑过了内容。

对于视频来说，则通过播放时长或播放完成率来衡量用户对特定视频点击后的消费体验。早在 2012 年，YouTube 就已经调整了视频的排序算法，让观看时长更长的视频排在更优先的位置。在今天，如果我们要运营短视频内容，完播率已经成为衡量内容消费价值的重要标准。

对于商品和服务来说，我们也可以通过用户是否在商品详情页停留，具体停留了多久，来进行详情页质量的预判。

正向交互行为

比查看行为更进一步，用户除了接受信息的输入，有了基础的输出动作。通常我们将点赞、收藏、分享作为正向交互行为信息，不同的动作有不同的表意性。

点赞，表达了用户对内容的偏好或态度立场。比如，一条用户喜欢的视频，用户会通过点赞表达，更多的是对内容和题材的偏好；一条表达强烈观点的视频，用户也会点赞，更多的是对观点的认可。

收藏，表达了用户想要对内容进行回溯的需求。在内容领域，通常是具有工具性或实用性的内容更容易获得收藏；在电商领域，收藏或加入购物车往往表达了用户同品类比价、价格观望等态度。

分享，除了表达喜好，还传递了用户的立场和态度。比如，用户或许会大量阅读很多热门的、娱乐化的内容，但在转发的操作上是审慎的。转发到微博或微信的动作代表用户在用自己的社会身份来为内容背书和进行扩散。从某种角度而言，转发的肯定意义比收藏、评论等行为的肯定意义还大。

评论，代表用户的参与程度，但不一定明确地关联到态度的好恶。对评论的处理需要进一步进行文本分析，以获取用户的表意性和情感倾向性。在产品层上，淘宝的宝贝印象算是一个典型应用，通过抽离出用户的共同评语来辅助新的消费者决策。

如图1-8，抖音的创作者后台数据中，就在主界面里分别列出了基础交互行为：播放量、完播率，正向交互行为：点赞量、评论量、分享量。

评分，是比较常见的表达方式。无论是电商服务（如淘宝、京东）等购物网站对购物行为不同维度的点评；还是信息类服务，如豆瓣对书籍和电影的打分等，一般都设置1至5分的评分机制。我们希望通过评分行为更好地量化用户的好恶程度。在应用评分数据时，需要关注不同用户的行为偏好，比如有人习惯性

数据表现

| 播放量 6.1w | 完播率 28.1% | 点赞量 437 | 评论量 66 | 分享量 34 |

图1-8　抖音的创作者后台数据

好评，有人则偏向严格，故需要以用户的历史平均分作为基准，才能更加可信地衡量用户评分行为背后的认可程度。

　　负向交互行为

　　用户的行为有正向的，自然也会有负向的。通常，我们会在卡片层或详情页提供负反馈的按钮，通过用户打叉、选择负向原因等方式来表达对内容的负向情绪；我们也可以通过在详情页增加表态的按钮，在一定程度上收集用户的观点和立场。在评论的文本中，通过情感分析，我们也能够获悉用户对于不同的内容的偏好性。

　　搜索行为

　　通常来说，搜索行为是一种短期意图显著、长期时间衰减的行为。

　　首先，当用户主动搜索一个关键词的时候，大概率代表我们提供的服务并没有满足他，以至于他需要更积极地做功课，去查找特定的内容。

　　我们可以首先区别，用户的行为是猎奇行为还是常规行为。

　　对于猎奇行为，一个突发事件往往会引起特定热词在短期内的检索量飙升。但是这种检索往往更多地在于满足用户的好奇心，不应该记录进用户的中长期画像。百度热搜就是一款表达互联网当下关注热点的产品。

对于常规行为，用户做出了真实的表达，产品服务也需要有更积极的反馈。以淘宝为例，当用户搜索"儿童床"之后，在之后的使用过程当中，无论是在首页的横幅广告，还是在接入了淘宝广告的应用，你都能够看到关于"儿童床"的广告。

此外，我们可以关注搜索行为后续的时间衰减性。搜索动作应该作为用户的一种探索行为记录进用户画像，如果这种探索行为已经发生了一段时间，或是在用户显式购买、消费之后，那么相应商品展现就应该降低频次或停止。

应用画像：用户服务与商业变现

有了画像，就意味着我们有了刻画用户和待推荐信息的着力点，可以基于此完成双向的连接。在互联网产品中，画像会有各种各样精细化的应用场景。

用户产品角度的服务提效

将画像应用于用户产品的效率优化，可以使用户更便捷、准确地消费内容、商品。无论是国内的抖音、淘宝，还是国外的YouTube、Facebook等，都在基于用户的画像信息实现人和信息的高效匹配，从而提升用户使用规模和频次，进而提升效益。

在长视频领域，据Netflix估算，个性化推荐系统每年为它的业务节省的费用可达 10 亿美金；在短视频领域，抖音的日人均消费时长已经远远超过 1 小时。在电商领域，通过用户过往的消费行为（消费金额）进行商品推荐，亦能够显著提升平台的交易规模。同样一件商品添加进购物车后，不同的用户可能会收到不同的后续反馈，价格敏感型的用户往往更容易收到优惠券。

商业化角度的精准营销

将画像应用于广告营销，既可以帮助用户触达感兴趣的服务，也能够帮助广告主实现更高的投资回报率（ROI）。当平台给用户打上各种维度的"标签"之后，广告主就能够借由这些标签来圈定目标用户，从而进行更有针对性的触达。我们以字节跳动的巨量千川广告投放系统为例，广告主可以选择地域、年龄、性别、类目词、关键词等标签。通过选择兴趣标签集合，系统也会实时反馈给广告主目前框定的候选人数。

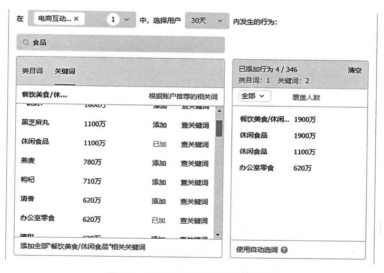

图1-9　巨量千川广告投放系统界面

推荐算法：物以类聚、人以群分

在我们通过静态信息和动态行为构建起用户的基础画像之后，就可以进一步探讨，推荐算法是如何实现用户和待推荐对象之间的匹配和联系的。

概括来说，物以类聚、人以群分。

物以类聚：基于静态信息的相似性推荐

有了完善的物品画像，我们就可以基于物品属性上的相似度来决定是否需要推荐一篇新内容给阅读过某篇旧文的用户。以文章为例，其用于相似度计算的常见因素有：作者层面的相似性（订阅或偏好关系）；内容层面的相似性，如关键词、话题、类目、聚类、标签等。

基于内容属性的推荐方式，常见于电影（猫眼）、书籍（豆瓣）、音乐（潘多拉）的推荐场景中。以图书推荐的场景为例，在豆瓣图书上，如下三本书分别有这样的标签：

表 1-1　豆瓣图书上三本图书的标签

图书	标签集合
《推荐系统实践》	推荐系统、数据挖掘、计算机、算法、机器学习、互联网、数据分析、人工智能
《推荐系统》	推荐系统、机器学习、数据挖掘、算法、计算机、互联网、计算机科学、数据分析
《大数据时代》	大数据、数据挖掘、计算机、互联网、大数据时代、互联网趋势、社会学、数据

从标签集合里标签词的共现关系不难看出，《推荐系统实践》与《推荐系统》两本书具有更高的相似度。那么，当用户A选择了《推荐系统实践》之后，系统应当优先给他推荐的是《推荐系统》一书，而非《大数据时代》。

进一步细化，对于一本书来说，不同标签的权重程度是不一样的。我们可以通过TF-IDF（Term Frequency-Inverse Document Frequency，词频—逆文件频率）的方式给不同的标签设定权重。TF-IDF是一种基于统计的评估方法，用以评估一个单词对于一个语料库中一份文件的重要程度。单词的重要性随着它在文件中出现的次数成正比增加，但同时会随着它在语料库中出现的频率成反比下降。简单地说：如果一个单词在单篇文章中出现的频次很高，且在语料库里出现的频次很低，那么这个单词就更能够代表该文章的语义。

在上述的例子中，"计算机""互联网"在每本书的标签集合里都出现了，那么区分度就没有那么高；而"推荐系统"只在其中两本书里出现，就相对更具有显著性和区分度。通过给不同的标签设置不同的权重，我们可以更好地找到有代表性的标签，并基于此更好地刻画出待推荐对象之间的相似程度。

基于静态信息属性推荐的好处在于，因为其只基于物品的固有特征，新的物品、相对冷门的物品就会得到一定的曝光展示机会，往往更多地应用于推荐系统的冷启动环节。

但因为基于静态信息的推荐机制没有考虑到特定场景下用户和被推荐物品的交互过程，不同用户的品味、调性很难得到诠释和表达。基于此，才进一步提出了基于动态行为的协同过滤的方法。

人以群分：基于动态行为的协同过滤

举一个生活中的场景：初次为人父母，"无证上岗"的新手爸妈们内心是激动而又惶恐的。打听，成了他们育儿的重要法宝之一。"你家宝宝用的是什么沐浴液啊？你们有没有上什么早教班啊……"我在的多个亲子群里，无时无刻不在发生这样的讨论，这样的讨论也成为大家后续消费决策的主要因素之一。

这种基于人和人之间的相互推荐固然是弱社交关系分发的一种形态，但是促成大家有价值信息交换和购买转化的，其实是人和人之间的相似点：为人父母、有着相似的价值观和消费观。把用户的消费行为作为特征，以此进行用户相似性或物品相似性的计算，基于此进行信息的匹配，这就是协同过滤（Collaborative Filtering）的基础。

协同过滤可以分为三个子类：基于用户（User-based）的协同、基于物品（Item-based）的协同和基于模型（Model-based）的协同。

基于用户的协同，即契合上面举的新手爸妈的例子。其基础思路分为两步：

- 通过行为偏好，找到那些与你在某一方面口味相似的人；
- 再将这一人群喜欢的新东西推荐给你。

如图 1-10 左侧，第一个用户和第三个用户都喜欢草莓和西瓜，所以基于偏好，两个用户的相似度更高。从而将第一个用户喜欢的葡萄和橙子推荐给第三个用户。

基于物品的协同，其推荐的基础思路是：

• 确定你喜欢的物品；

• 找到与之相似的物品推荐给你。只是这种物品与物品间的相似度不是从物品自身属性的角度衡量的，而是从用户反馈的角度来衡量的。

如图 1-10 右侧，在用户的选择中，葡萄和西瓜的共现度较高，那么如果第三个用户也表达出对西瓜的喜好后，就会把葡萄推荐给他。

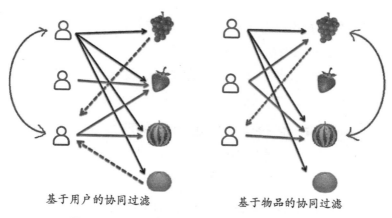

基于用户的协同过滤　　　　　基于物品的协同过滤

图1-10　基于用户的协同过滤和基于物品的协同过滤

以电商场景为例，如果使用行为协同的方法，书籍的特征（标签）就不再是作者、题材、领域这些静态固有属性，而是变成哪些用户购买了、哪些用户在购买后给了高分或低分这样的行为动作，以用户来标记书籍。

如表 1-2 中，以用户购买的维度比较几本书，对于用户 E 而言，其购买了《推荐系统实践》和《大数据时代》两本书。那么我们应该给他推荐哪本书呢？

表 1-2　不同书籍的用户购买情况

书名	购买用户
《推荐系统实践》	A，B，C，D，E
《推荐系统》	A，B，C，F，G
《大数据时代》	A，B，D，E，F，G
《集体智慧编程》	A，B，D

• 在基于用户的协同下，应该给他推荐的书是《集体智慧编程》一书。这是因为 E 的消费历史跟 A、B、D 重叠度更高、更相似，而 A、B、D 三个用户都购买了《集体智慧编程》一书。

• 在基于物品的协同下，应该给他推荐的是《推荐系统》一书。这是因为《推荐系统》与用户 E 已经购买的两本书的购买用户重叠度更高。协同类推荐典型的应用场景如豆瓣在书籍介绍下展示的："喜欢读……的人也喜欢……"

基于用户的协同算法在 1992 年就已经被提出了，基于物品的协同算法直到 2001 年才被亚马逊所提出，两种方式的差别是什么呢？

因为对于大型电商网站，用户的数量往往远大于商品的数喜欢读"张一南北大国文课"的人也喜欢……

南方　　　　越野赛跑　　　　王阳明传　　　　秋日森林　　　俊友（插图版）

图1-11　协同类推荐典型的应用场景

量，且商品的更新频率较低，每个商品身上都能够累积足够多的用户行为，通过离线计算的、基于物品的协同能够更好地适应这一场景。

但对于如新闻推荐系统、社交性推荐系统等，新闻内容也是海量和频繁更新的。假设使用基于物品的协同的话，一则内容还来不及累积足够多的用户行为，可能就已经失效了。在这种情况下，采用基于用户的协同会更加合适。

基于模型的协同，会基于用户的喜好信息来训练算法模型，实时预测用户可能的点击率。比如，在Netflix的系统中就将受限玻尔兹曼机（Restricted Boltzmann Machines，RBM）的神经网络应用于协同过滤。在今天，神经网络和深度学习，也成了业界广泛使用的方式。

协同推荐是目前应用最为广泛的推荐机制，基于动态行为，我们不再需要对物品或信息做更加完整的标签化分析和建模，从而实现了一定程度的领域无关，模型可以更通用地应用于不同领域的推荐当中，从而可以帮助用户发现更多潜在的兴趣偏好。

无论是物以类聚还是人以群分，推荐算法在做的事情，都是将用户和用户、物品和物品进行不同维度的标签化，并基于相同的标签进行关联。而随着机器学习技术的不断演化，今天越来越多地应用到的神经网络方法，更像是一个黑盒的算法训练模型。通过输入用户过往的行为数据，模型不断迭代和学习后，基于不同维度的"相似"产出对后续行为的预估，推测出那些用户更可能感兴趣的内容，或内容更可能被接纳的用户群。

推荐架构：推荐结果是如何产出的

如俞军老师所言：对于产品服务而言，用户不是人，而是需求的合集。推荐系统就是在理解用户综合需求的基础上，进行待推荐内容的组织和连接。那么，就让我们将自己的数据分身投射到系统之中，便能开启自己的推荐架构之旅。

想象一下，站在推荐系统之城前面的你被抽离出一个数字的躯体，在镜中自我端详，惊诧地发现身体已被无数数据所填充：科技 10%、篮球 4%、热火队 2.3%、历史 1%、自然 0.3%……

你仔细观察，甚至发现了很多连你自己都没有注意到的细节：虽然热爱旅游，但你喜欢博物馆远多过自然景观；虽然身为老饕，但你喜欢西餐多过中餐。当然，你也会发现自己的身体上仍然有一团团大大小小的迷雾，那是尚未被系统所发掘的兴趣点，甚至连你也好奇那些位置上究竟隐藏着什么。

定了定神，你走入推荐系统之城。专门为你适配的内容如一群萤火虫般朝你飞舞过来、将你围绕，你伸手将一条感兴趣的内容点亮。就在点击的那一瞬间，你身上的迷雾有一丝散去了，同时显示出了新的兴趣点：极限运动：0.01%。那些原本就存在的密密麻麻的数字也有一些发生了变化：有的权重上升、有的权重下降。通过每一次选择与反馈，你都在进化着自己的数字躯体。

现在，你生出了双翅，原地飞翔了起来，得以从高空俯瞰整个推荐系统。你看到了一个又一个数字拟态的人，在城市的不同地方游走。每个人身边都围绕着许许多多的信息光点，又同其他人之间存在着若隐若现的连接。在那些信息光点中，被人阅读的便会点亮，被忽略的则会变暗。每一个被点亮的光点都会分裂成更多光点，顺着人和人之间的连接，飞舞到更多的人身边，就像被延续了生命一样。此起彼伏的光点明灭，共同照亮了整座系统，让它仿佛有生命一般慢慢扩张。

整个过程听起来或许科幻，但确确实实是在推荐系统中所发生的过程。

推荐系统是一个双向的系统，每个用户既是消费者，也是生产者。

一方面，用户通过内容的消费，不断完善自己的数字形象（用户画像）。消费较多的内容兴趣标签，得到了更高的权重；而消费较少或有负反馈的兴趣标签，则不会被记录进用户的画像当中。

另一方面，用户既是消费者又是生产者，每一次有效的消费行为都可以被视作对内容的一次投票，从而构建出内容画像。那些被更多人认可的内容由此得以脱颖而出，获得进一步的流量曝光和扩散。而不被认可的内容则会被终止分发，不会给更多的用户造成打扰。

初步了解推荐系统架构，有助于我们更好地认知这一过程：系统是如何积累数据产生画像的，又是如何将信息匹配给用户的，用户有了行为后，又会如何影响后续的信息分发过程。进而有助于产品运营人员知道碰到问题应该如何改，改哪里。

推荐架构初探

我们将推荐系统划分为离线系统和在线系统两部分。

推荐系统的离线部分专注于数据的搜集处理，用户画像和物品画像的构建：

• 待推荐内容搜集：搜集和处理待推荐的内容，按照已有的标签库，组织待推荐的对象；

• 用户和物品画像的构建：通过记录和统计用户的在线行为，生成用户的画像、完善物品的画像。

待推荐内容搜集

巧妇难为无米之炊，系统想要推荐得好，离不开一定程度的供给繁荣：只有被推荐的对象数量足够丰富，才有机会响应各种各样用户的诉求。

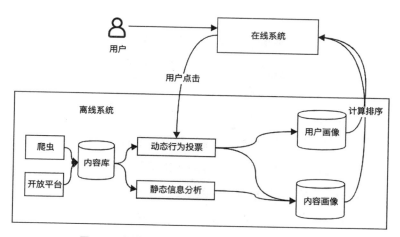

图1-12　推荐系统分为离线系统和在线系统两部分

　　以搜索引擎为例，搜索引擎会通过爬虫系统从海量的网站上抓取原始内容，构建出内容库。以内容平台和商品平台为例，由于有内部的自建生态，平台会基于最近一段时间的内容和商品构建出可用于推荐的内容库和商品库。

　　由于业务场景的不同，待推荐内容的准入机制会涉及如重复性、安全性、时效性、地域性、可消费性等角度的问题，比如：

　　• 安全性，无论在国内外做平台，都需要首先考虑审核相关的事情。平台上的可分发对象需要符合当地的法律法规。比如，电子烟是不允许在线上渠道销售的；又如，低俗、种族歧视类内容是不允许在线上分发的。通常，我们可以通过机审加人审的组合流程，来保证审出内容或商品的安全性。

　　• 时效性，财经新闻、球赛新闻等内容具有很强的时效性特征。这就需要系统内单独为高时效性内容开辟分发通路，当这些内容被生产后，能够被更及时地处理和分发。

- 可消费性，对于过短的内容、视频或画质较差的视频，由于预估到对应内容的可消费性较差，就可能会在前置环节进行拦截，从而不会得到分发的机会。

出于降低管理复杂度的考虑，我们也会对内容的生产者进行分级，从而确定是否将特定内容列入待推荐的范围。比如，搜索引擎就会建立网站权重，高权重网站所发布的内容能够得到更高的优先级。相关信息会在后续的章节里展开。

内容画像和用户画像构建

如之前章节所提及的，我们需要构建出内容的画像，才能够和用户进行有效的匹配。静态的，可以基于自然语言处理的分析方式；动态的，可以基于用户的行为投票方式。我们可以近似将内容画像理解为如表 1-3 的构成，每个内容上都有一系列关联的标签，用以描述内容的特征。

表 1-3　用标签描述内容特征

图书	标签集合
《推荐系统实践》	推荐系统、数据挖掘、计算机、算法、机器学习、互联网、数据分析、人工智能
《推荐系统》	推荐系统、机器学习、数据挖掘、算法、计算机、互联网、计算机科学、数据分析
《大数据时代》	大数据、数据挖掘、计算机、互联网、大数据时代、互联网趋势、社会学、数据

表 1-3 的组织逻辑是：内容→{标签集合}。但这样的结构是不方便在工程上进行查询的，如果一个用户的兴趣点中有"计算机"的标签，那么就需要一本书一本书地查看标签集合，来判断对应的这本书是否涵盖这个标签。

如何提升查找的效率呢？

这就涉及倒排索引的概念：由于我们是基于用户的特征标签来查询的，所以，我们不再按照"物品→{特征标签}"的方式来组织待推荐内容，而是按照"特征标签→{物品}"的方式来反向组织。

以内容平台为例，每一个关键词都会对应一长串包含这些关键词的文章列表；以外卖平台为例，每一个食品分类也会对应一连串属于这个分类的店铺。

如果我们将上表转化为倒排索引的结构，其组织形态会变为：

推荐系统→{《推荐系统实践》《推荐系统》}

计算机→{《推荐系统实践》《推荐系统》《大数据时代》}

大数据→{《大数据时代》}

所以，当我们要帮助用户寻找"计算机"相关的内容时，就会通过倒排索引，找到"计算机"这个标签所对应的书籍资源集合，更快速地推荐给用户。

对于推荐系统而言，用户的行为不仅具有针对内容价值评估的群体投票意义，还具有针对自身画像的个体进化意义。用户在在线系统里的查看、收藏、点赞等行为会被依次记录下来，同时作用于用户画像和内容画像。

在群体投票意义层面，每一个读者就像是一名陪审团成员，通过自己的行为来决定某篇内容的好坏。比如一篇关于计算机的文章，如果偏好计算机方向的用户都不点击，那么就说明这篇文章在"计算机"这个标签下并不是什么具有消费价值的文章，其权重应该降低。

在个体进化意义层面，读者的阅读反馈行为也在改进着他的用户画像。比如，一个用户总是点击与"推荐系统"有关的计算机方向的文章，那么这个用户的画像中会在"计算机"的基础上，补充"推荐系统"这个实体词，从而影响后续他所能看到的推荐内容流。

由于内容画像和用户画像的更新计算量相对较大，很多更新工作并不能实时完成，所以需要通过离线的方式处理。离线部分的工作正是为了给在线部分准备资源和素材，从而帮助我们更好地连接与分发。推荐系统的离线部分，就像是一家餐厅的后厨，一方面需要在营业前提前准备好当日的食材，等待客人点单。另一方面，需要在每日的营业后，结合当日客人的反馈对食材进行调整，对食谱进行更改。

推荐系统的在线部分负责实时响应用户的请求，完成针对用户的个性化内容的筛选和排序，并最终返回给用户一个完整的信息流列表。

通常，我们可以将在线环节拆分为：意图理解、召回、排序、干预四个环节。

意图理解，即了解用户当下想要什么。

对于推荐系统来说，这通常是由用户的画像所决定的。

比如，用户在初入应用时选择了"计算机"标签，最近一段时间往往偏好浏览"数据挖掘"的内容，刚刚搜索了"推荐系统"的相关内容。推荐系统就可以基于此，将用户的标签和对应权重构成一个复合的请求，比如｛"计算机"：0.1，"数据挖掘"：0.5，"推荐系统"：0.3｝，并传递给后续环节，在索引库里进行查找。

意图理解环节，做的是一道语义理解题，只有更好地了解目标用户的需求，才能使后续的环节不跑偏，有机会查找到用户感兴趣的内容。

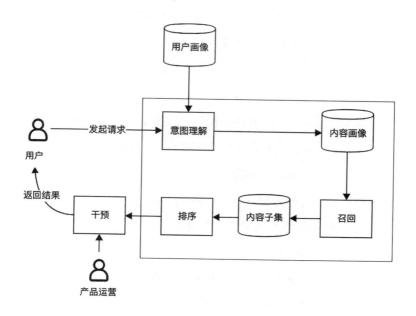

图1-13　推荐系统的在线环节

召回，即筛选出符合用户要求的候选内容集合。

我们可以将召回环节理解为一个粗筛的过程。推荐系统内的资源数以千万计，对每一个资源都进行精细化的评估，显然是算不过来的。为了能够及时响应用户的诉求，我们可以简单地按照相关不相关，只捞取出那些可能契合用户意图标签的资源子集，将每个召回集合的Top-N的结果送入后续的环节。比如，我们会将"推荐系统""数据挖掘""计算机"相关的内容作为候选集返回。

召回环节，做的是一道是非题，完成了资源从千万量级到千量级的筛选过程。

排序，即对候选集合进行精细化的打分排序过程。

尽管我们通过召回已经收敛到千量级的内容了，但这么大的资源规模对于用户来说显然还是信息过载了，我们需要对千量级的内容进行更为精细化的打分，选择其中相关度更高、质量更好的内容推荐给用户。推荐算法模型往往就应用在排序环节，在对每篇内容打分后，按照得分高低返回一个有序的内容序列。

考虑到计算复杂度和资源消耗的情况，在实际过程中，我们往往会把排序拆分为粗排和精排两个环节。在粗排的过程中，我们进行一些资源消耗比较少的简单计算，将召回集合进一步压缩；而只有在精排的过程中，才会进行更加完整的计算。

排序环节，做的是一道排序题，完成了资源从千量级打分排序后，精选到百量级或者十量级的过程。

干预，即对排序后的序列进行最后调整的过程。

通过召回与排序，算法已经给出了在特定目标下的最优结果。但是，算法结果并不总是符合业务诉求，为了在特定场景下实现业务目的，我们仍然需要通过产品运营的干预，在算法结果的基础上进行插入或屏蔽等操作。

比如，我们有这样一条权威资源保护的规则："相近的内容，以官方网站发布的优先。"那么，在排序环节之后，我们就会将权威网站或者高置信度作者发布的内容进行列表页的加权或插入，从而形成最后展示给用户的结果。只有经过了干预环节，我们才最终将结果呈现给用户。

通过意图理解、召回、排序和干预环节，推荐系统的在线系统就基于离线梳理出的内容库和用户画像，为用户生成适配个人的最终结果。推荐系统的在线部分就像是一个餐厅的前厅，在用户点单后，一盘盘美味佳肴经过烹饪和加工被端到了餐桌上。

了解了推荐系统的架构后，当我们追求不同的业务目标时，就可以围绕不同的环节进行修改和调整。以旅游场景为例，假如我们的目标是提升门票类商品的销售规模，我们就可以从离线资源建设、在线召回和在线干预三个环节分别着手：

• 在离线部分，我们可以通过细化和补充旅游地的标签，将其和用户经常表达的需求相关联，如"泡温泉""周边游""亲子游"等。这样，虽然旅游目的地的数量并没有变多，但是因为关联的标签变多了，它们就可以出现在更多的用户兴趣点下，从而更有可能被推荐系统筛选出来。

• 在召回部分，我们可以额外增加商品类的召回，保证门票类商品能够通过海选，和旅游攻略、游记类内容一起进入排序环节，从而增加门票商品出现的概率。

• 在干预部分，我们可以通过额外的产品设计，如复合卡片的形式，将景点、旅游产品、门票、攻略组合成一张卡片，插入信息流中，从而更强地影响用户的推荐结果。

从离线到召回，再到干预，是一个由弱到强的干预过程。我们可以结合自己的业务目标选择合适的方式，让系统更符合我们的业务目标。

推荐系统评估指标

了解了用户画像和物品画像是什么，明确了推荐系统是怎样通过离线和在线部分组织画像并完成连接的，那么，我们又该如何评估一个推荐系统的好坏呢？这就涉及评估指标的构建。

我一直笃信一句话：If you cannot measure it, you cannot improve it。对于一个推荐系统，因为服务了多种多样的用户，我们就应该放弃主观好恶，转而以数据指标来衡量。那么，我们应该关注哪些指标呢？

算法指标

首先，让我们关心推荐算法这一内核。推荐算法的目标就在于更好地分发系统中的内容，让每一篇内容获得更多展示，让每一个用户有更多的点击。评估指标可以拆分为三部分：

一是准确率。准确率用于衡量在推荐结果中有多少个是用户接受的。比如，内容推荐系统推荐了 100 个内容，用户点击了其中的 30 个。那么，该推荐系统的准确率就是 30/100=0.3。

二是召回率。召回率用于衡量用户点击的结果中有多少是推荐系统所给出的结果。比如，在一个混排列表中，既有内容推荐的结果，也有人工运营的结果。如果用户点击了 50 个结果，其中有 30 个是推荐系统的结果。那么，该推荐系统的召回率就是 30/50=0.6。

三是覆盖率。覆盖率用于衡量有推荐曝光的结果相较于系统可用资源的占比。比如，给用户推荐了 1000 个内容，整个系统中有 10000 个内容。那么，该推荐系统的覆盖率就是 1000/10000=0.1。

业务指标

只有一部算法引擎，推荐系统这部赛车是无法正常运转的。

推荐系统应当服务于业务的整体目标，基于业务的目标来重新制定指标，去做各种各样的权衡。有时候，这些业务目标会和上面提到的算法指标形成一定冲突。

首先，在用户侧，推荐系统不仅应该在个体层面追求准确率（即尽量提升用户的点击规模），同样需要关注是否能够帮助用户"发现更大的世界"，帮用户探索潜在感兴趣的内容。

从用户的角度来看，可以评估在用户的展示历史中各种题材、类目、话题的丰富程度是怎样的，丰富度越高代表个体体验上的多样性越好。从内容的角度来看，可以评估有推荐展示的内容占整体内容量的比例，或是整个内容分发体系的基尼系数。

以Netflix为例，站在视频被播放的角度，使用了ECS（Effective Catalog Size，有效目录大小）指标来衡量系统推荐的多样性。如果系统内绝大多数的播放都来自同一条视频时，ECS指标接近于1；如果系统内每条视频都有相近的播放量，ECS指标将等于影片数。如图1-14，对比应用了个性化推荐技术和只采用热门排序的情况，ECS相差近4倍，即系统中有更多长尾的视频都得到了有效的展示和播放。

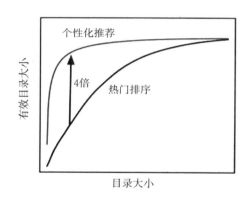

图1-14　使用ECS来衡量系统推荐的多样性

其次，在发布者侧，一个好的推荐系统需要考虑到发布端的存续。为了保护作者端的积极主动性，就需要给作者提供一些相对稳定的预期，即作者发布的作品能够通过平台触达自己的粉丝。而这种基于订阅关系的分发，势必是会降低推荐效率的，因此，我们需要让渡一些平台效率来实现综合的效果。

最后，在商业化侧，推荐系统需要服务于业务的盈利目标。

同样以Netflix为例，是不是视频播放规模越大越好呢？并不是的。因为Netflix采用了付费会员制的商业模式，因此以付费会员数量来衡量才是整体业务的目标。那么当落地到推荐系统的目标时，就是围绕新用户的付费转化，围绕已有付费用户的续订、退订用户的召回等。这使得推荐系统在面向不同用户群时，需要针对性地设立指标。

围绕业务的多元指标，会在后续章节中进行更细化的拆解。

AB实验客观评估

为了降低人为干扰的因素，我们往往通过AB实验来评估策略改进是否真的生效。

简单来说，AB实验就是将用户随机划分为两组，一组为实验组，一组为对照组。模型的迭代、交互的改进只作用于实验组，观察两个组中观测目标的差异性。因为用户是随机划分的，所以我们基本上可以假设流量是同质的，实验组和对照组的结果差异就体现了我们迭代的效果。

如图1-15所示，比如我们要做卡片交互样式的实验，在实验周期内，进入应用的用户被随机分为两组，分别看到原本的交互样式A和迭代后的交互样式B。经过最后的统计结果，新样式B的用户数据反馈更好，从而，我们经由实验验证得到了应该选用新样式。

在AB实验的过程中，有一些额外要注意的点。

首先，我们需要确保实验流量的同质性，两组用户随机分配且可比是AB实验的基础。假想一下，如果有两个卡片层的实

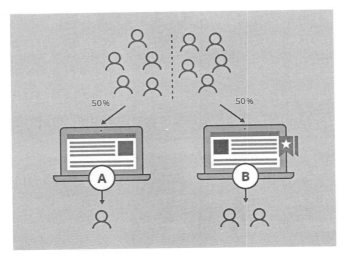

图1-15　卡片交互样式的AB实验

验同时作用于同一组人群，本来应该是实验1对照组的人群，被划拨到了实验2的实验组，这样得出的结果又怎么能够令人置信呢？实践中，我们常将流量进行分层的概念处理：不同层可以并行进行实验，同一层内的实验互斥，这就保证了实验可用流量的同质性，避免了实验间的相互干扰。

如图1-16所示意的那样，实验1和 实验5、实验8不同层，可以并行实验，那么一个用户身上就可能同时命中这三个实验。而对于实验12来说，需要在层1进行实验，可是层1的流量已经被占用光了，那么它就必须等到这一层的实验做完了，空出来流量之后，才可以上线实验。

为什么流量会被用光？这就引入了我们对于实验需要用多少流量的分析。

　　　　　　　　　　　　　　　推荐连接万物

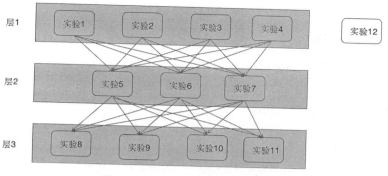

图1-16　将流量进行分层的概念处理

　　这里，遵循统计学的双侧假设检验，即检验实验组和对照组的样本均值是否有显著差异。可以套用相应的数学公式（Z检验）计算出每个实验在置信的情况下需要的最小流量规模。流量规模＝日流量×持续天数，我们需要至少满足实验最小的流量规模，才能够保证实验带来的结果变化是可信的，而不是波动导致的。

　　如果我们上线了新功能，那么则需要避免新奇效应对结果的影响。一个新功能上线，往往会在短期内吸引大量用户尝鲜，使得数据虚高。只有拉长时间周期，或者只面对新用户来测试，才能够看到更为准确的结果。

　　另外，我们在做AB实验的时候，需要关注特定的小众群体。因为AB实验关注的是统计意义的最优解，那么大概率会出现从众的现象，导致小众群体被代表。我们经常讨论的推荐引擎水化、"变Low"的问题，就是因为在每一个实验中都迎合了大多数，反而使得那些小众群体没有办法生存和壮大。如果我们已经前置认知到小众群体的存在和不同，就可以更先验地将用户区分开来，再做实验。

人工主观评估

通过AB实验，我们能够很好地检测数据指标的变化。但是，数据指标只是我们对于业务的抽象和化简，而不是业务的全部。如果我们只追求特定的指标，往往容易出现一叶障目不见泰山的情况。比如，两个常见的问题——地域歧视和标题党，都属于点击表现数据好，但是内容对于用户体验有伤害的情况，并不值得我们肯定和鼓励。

为了解决这种情况，我们在数据指标的AB实验评估的基础上，增加了人工评估的环节，旨在通过人工评估来暴露问题，发现业务的短板。

援引公开博文，Facebook建立了一套完整的人工评估系统，分为三个部分：1对1用户访谈，面向千量级外包团队的人工评估（Feed Quality Panel），面向万量级普通大众的问卷。

图1-17　Facebook的人工评估系统

推荐连接万物

问卷表现为多种形式：

- 给出两篇内容，让用户进行点对点的对比；

- 给单篇展示打分选项，建议用户从相关性、信息量等角度给予 1 至 5 分的评分。比如，你有多希望在列表里看到这篇内容（打分 1 至 5 分）；

- 提出开放性问题，收集用户对于自己信息流的反馈。

借由人工问卷反馈，我们也得到了一些有趣的认知。比如，人们更愿意在信息流的头部看到那些他们想要互动的内容或者那些更愿意打高分的信息。基于此，Facebook 在排序算法中将用户的互动预估（点赞、评论）较高的内容和用户更愿意首先看到的内容进行了提权。

本章小结

标签化，是我们低成本理解推荐算法的起点。当我们给业务的两端分别打上标签之后，就能够方便地完成双向连接。这个构建用户或服务的标签集合的过程，即为用户画像和服务画像的构建过程。行胜于言，尽管我们可以收集文本信息来初步分析用户的偏好，但是用户用脚投票、用钱买单的行为显然更加可信。所以，当累积了一定行为后，我们往往更倾向于通过用户的动态行为来构建画像，而非只依赖文本等静态信息。

当面对一个庞大的数据库时，推荐服务需要快速且有效地返回结果，这就势必需要实现工程商的平衡。因为具体的人或服务投射进业务系统后被抽象成了一个个标签集合，我们在工程实践上是以标签为索引串联起人和服务对象的，即"倒排索引"的结构。一个用户的请求会先后经历意图理解、召回、排序（粗排、精排）、干预等环节后，才最终得以呈现。了解了不同环节的目标，产品运营人员才能够对症下药，知道修改哪个环节才能最有效地实现自己的目标。

为了评估推荐系统的效果，我们首先从准确、召回、覆盖的角度评估算法的好坏，再进一步，升维到资源的角度去考虑长尾资源的分发情况，从盈利的角度去思考体系如何得以实现盈利。在认可了共同评价标准的前提下，我们以AB实验的方式来校验每一步的改进和迭代。

推荐连接万物

第二章　推荐能力的应用

　　在今天，推荐能力不应该被过度神化，不应该被认为是一种解决业务所有问题的灵丹妙药；推荐能力应该被当作一种基础能力，就像一部引擎那样嵌入各种需要分发和连接的功能场景之中。只有契合不同场景下的交互界面、用户习惯，才能够最大化推荐能力，有效提升效率，获得更好的业务指标。

　　接下来，我们将分别从时间维度上的新内容和新用户的冷启动、老用户的兴趣探索；空间维度的列表页、相关推荐、搜索、推送、关注关系；生态维度的生产者等级划分等角度来探讨推荐能力的各种应用可能性。

冷启动：一回生二回熟

推荐系统就像一个连接器，一端连接着用户，一端连接着服务（内容、商品、其他用户等）。伴随着业务的演进和迭代，推荐系统无时无刻不在面对"新"的问题：新的用户需要连接什么服务，新的服务又应该被分发给哪些用户。

新，就意味着陌生，意味着数据的缺乏，这对于依赖数据进行训练的推荐系统来说，无疑是一个挑战。但也只有解决好了"新"的问题，才能够让系统里有源源不断的新内容可以推荐，形成正向循环。

下面，我们分别从单篇内容、单个品类和单个用户三个方面来进行论述。

新内容的冷启动

以内容分发系统为例，在推荐系统中，一篇内容借由探索性展示完成了其从 0 到 1 的用户反馈积累过程：

1. 通过离线分析来对内容进行分类和标签化，预判内容应该给谁看；

2. 基于内容的标签找到目标人群，进行针对性的在线曝光，收集用户行为反馈；

3. 基于目标人群的反馈情况进行评估：

a. 如果没能够得到足够多的正面用户反馈（点击规模和阅读体验），这篇内容的推荐量会逐步降低；

b. 如果顺利地打动了目标人群，收获了很高的点击率，就有可能被快速放大，具有了成为爆款的可能。

从上述过程不难看出，"冷启动环节决定一篇内容分发命运"的说法，可以说丝毫不为过。

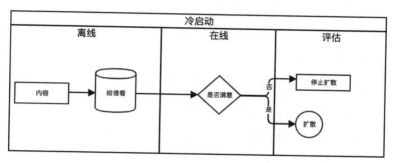

图2-1　新内容的冷启动

从平台的角度来看，我们不仅要做好裁判的角色，提升系统效率以更好地进行冷启动；同样需要做好教练的角色，引导创作者了解平台的运营规则，使得他们能够针对性地生产，让更多好内容可以顺利通过系统冷启动的检验。

如前所述，我们首先基于静态信息生成内容画像：

• 对于图文内容，目前已经有比较完善的自然语言处理流程，会通过词频统计、内容分类、话题聚类、实体词抽取等不同的方式，来预判文章的主旨，从而找到可能对内容感兴趣的目标用户群。

- 对于音视频内容，一方面会更多依赖作者过往发布内容的垂类分布特征，以及在上传音视频时的描述文本；另一方面会基于视频的质量（视频的清晰度如何，是否有拉伸、放缩、翻转）、音频转文字、视频抽帧图像分析等技术，来对音视频内容作出分类和解析。

除在数据层，我们通过将内容的正文部分标签化进行连接外，同样需要关注产品界面的显示层对用户决策的影响。以常见的列表页+详情页两层产品结构为例，在这样的产品交互下，用户先后作出了两步决策：

- 点不点：在列表页中，用户能够看到的是封面图+标题。用户基于此作出是否点击进入详情页的判断。

- 看不看：进入详情页后，用户能够进一步消费的是视频和图文等。基于内容的质量决定是否有后续的动作，如有效阅读、点赞分享、加入购物车等。

因为有前置列表页决策环节的存在，如果一篇文章的标题和封面不佳，哪怕它的正文质量再好，也得不到有效的用户消费。我们为了提升冷启动的效率，就需要考虑列表页可以看到的信息对推荐的可能影响，进行相应的提权。又如，在双瀑流形态的内容产品里，很多创作者将文章的主旨信息叠加在了封面图上，我们需要进一步通过光学字符识别（OCR）的方式，将图片中的文本信息读取出来参与计算。

以图 2-2 为例，我们给用户提供的决策信息有标题、封面、作者信息、评论数和发布时间。对于新发布的文章而言，评论数和发布时间可以忽略，我们关注的重点信息字段就集中在标题、封面和作者信息上：标题是否吸引人点击，封面是否清晰，表意是否明确，作者的名称是否有权威度、是否和文章的属性一致等，都会影响用户的点击决策。结合图中两篇文章进行分析：

- 第一篇文章的作者"武陵之荣光"，看不出行业属性，看上去更像是一个区域性账号，对于关心发布源的用户来说权威度有所缺失；

- 第二篇文章的作者名看起来有一定的权威度，但是只上传了一张图片，且图片的表意和文章主题并无关联。

图2-2　内容在信息流中的展示示例

得到了内容的展示信息和语义标签信息后，我们就可以把它分发给有相同标签的用户。

基于用户的行为反馈，我们就可以评估图文内容的优劣，相对成熟的方式有：显性的正向行为，如用户收藏、评论、分享等动作；隐性的正向行为，如用户的页面停留时间长、用户有屏幕滚动行为、进度条拖动行为等。概括地说，长停留好于短停留、有动作好于无动作。

此外，我们还可以引入用户的不等价性，对行为的权重进行区分。比如，一个体育领域的资深用户，可能对体育内容的消费鉴赏能力相对较高。和一般用户相比，他对体育类内容的点赞、收藏行为，就具有更大的权重系数。

以某兴趣社区为例，其内容评估算法体系中，就明确了消费者专业度的相关指标。那些过往在特定领域里有更多创作内容累积、更高消费权重的创作者对同领域内容的正向行为（如点赞、收藏）能够更有效地提高内容排名。

综上，我们可以将冷启动环节，算法的输入数据和基础决策逻辑梳理如下：

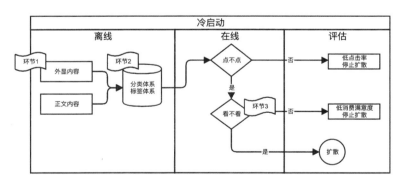

图2-3　在冷启动环节中，算法的输入数据和基础决策逻辑

在整个冷启动过程中，产品运营人员可以优化的环节有三。

环节一，创作者引导。

创作者是具有主动性的，我们可以通过将合适的规则同步给创作者，引导他们按照平台的需求进行内容生产创作和包装。

● 在内容平台，我们通过更积极地引导用户上传封面图片，使用自定义上传图片，使用多图的样式等方式来提升列表页信息的完善度。

● 在电商平台、外卖平台，我们也可以通过运营者教育，引导他们完成如店铺的装饰、商品封面图和详情页布局的优化等操作，从而提升其信息的可消费质量。

以知乎为例。知乎通过"创作者手册"的方式（https://www.zhihu.com/knowledge-plan/manual）告知创作者，引导其完成有助于分发优化的动作："不要浪费标题及开头、绑定「合适的话题」、使用现有流量权益获得更好的流通。好的标题和开头能激发读者的好奇心和讨论欲，可以提升内容的点击率及正向交互数据，从而使内容在传播中获得更多展现机会。是否绑定「合适的话题」很重要，不准确的话题、关注人数过少的话题都有可能影响内容传播效果。"

环节二，内容理解。

在冷启动环节，我们将具有同样标签的内容和用户连接到一起来累积用户反馈。这就使得内容理解的质量将极大地影响冷启动的效率。

假设在这个阶段，我们错误地将不匹配的内容和用户匹配到了一起，比如将科技内容推荐给了体育爱好者，自然不会收获什么正向的反馈，从而影响内容的冷启动有效性。

先来看几个例子：

• 视频标题：某总统曾经实习的单位，最厉害的国家狗仔队是如何工作的；

• 短内容：感恩一起战斗的日子，感谢我的战友；

• 视频标题：堪比电影中出现的场景：死神来了！

第一个标题可以拆分为"某总统""单位、实习、工作""狗仔队"三部分，预判为国际、职场、娱乐内容。

第二个短内容，从文本特征上来看，基本上命中"战斗""战友"，预判为军事内容。

第三个标题，只从标题上来看，基本上命中"电影""死神来了"，预判为娱乐内容。

但事实上，第二个短内容的场景是某个艺人在戏剧杀青后的感言。第三个视频的内容描述的是一场车祸，内容如图2-4。

图2-4 某交通事故短视频截图

上述三个内容，除了第一个内容因为命中了"某总统"，使得其冷启动不至于偏差太大，其余的两个内容都在冷启动阶段折戟沉沙，没能获得进一步的曝光。

从上面的例子不难看出，内容理解的准确度是我们可以持续优化的目标。可以通过持续优化自然语言处理水平，提升我们的基础数据质量，如分类准确性、话题准确性；可以通过增加系统输入的方式，来提升模型可使用的信息，比如允许可信作者自添加标签、增加OCR识别来补充文本，对于分类准确度低的内容增加人审环节等，使得冷启动更有效率。

环节三，用户行为细化。

如果说内容理解是在事前不断优化对于内容的文本分析能力、内容聚类能力；那么用户行为理解就是在事后不断地提升我们对用户在特定场景下行为的理解，只有这样才能更准确地度量用户的一次消费是否满意。

一方面，产品需要创造机会引导用户多表达显性的行为（如B站的"一键三连"、在应用里添加的诸多正负反馈按钮），而另一方面，我们也需要识别出用户隐性行为的隐喻。并且在记录和统计用户行为的过程中，识别出什么是真的行为，什么是假的行为，持续和作弊行为进行斗争。

以某视频项目为例，就在不断的业务迭代中试图刻画清楚什么是一次有价值的播放行为：

第一阶段，用户只要播放了视频即视为一次有效播放；随之而来的问题是，标题党、封面党、文不对题等情况的出现。播放行为，只代表了用户对列表页信息的认可，并不代表对视频内容的认可。

第二阶段，引入时长的概念，只有满足了最短播放时长才能算是一次有效的播放行为；因为引入了最短播放时长的考量，保证了每一次播放对于用户来说至少是有意义的。但接下来，引出了新的问题：短视频和长视频的消费价值是一样的吗？

第三阶段，评估用户的播完度，对播放时长进行适当加权。一个播放完成率更高、播放时长更长的行为，肯定比播放完成率低的行为所代表的认可度更高、更有价值。

第四阶段，追加额外互动操作的加权和降权。如全屏的动作，代表用户可能对视频内容比较满意，希望更沉浸式地观看；如果频繁出现拖拽、快进，则代表用户对视频的内容不是那么满意。

除了不断精细化用户的行为，我们也在不断识别可能的作弊行为，并进行降权和打压：

• 特定一批用户连续不断地播放某个创作者的内容；

• 单个视频的播放和收藏、评论等行为不成比例，播放量显著过高；

• 用户不是在推荐流中播放视频，而是从创作者主页里播放视频。

上述这些动作行为由于和普遍用户行为不同，都有潜在的作弊嫌疑，我们需要将其从行为统计数据中剥离出去后，才能够给算法模型提供更有价值的输入数据，从而将真正有意义、有区分的行为应用于模型的训练和评估当中，进而带来用户满意度和留存率的提升。

冷启动的流量分配

在一个学术化的无限资源系统里，我们是可以充分进行冷启动的，每一个内容都能够完整地经历从冷到热的过程，从而得到准确度和稳定度都更高的数据累积。但是，当进入工业化的有限资源系统时，我们则需要充分意识到冷启动是需要付出代价的。

流量和时间资源成本

假设，有N个内容需要冷启动，每个内容需要经过100次曝光，才能够收集到一些相对可信的启动数据，则我们一共需要N×100次被动曝光。我们有M个用户，那么每个用户平均要看到N×100/M次新内容的曝光，才能够给内容以充足的曝光数据。

如果我们没有那么多消费者呢？自然不能充分地冷启动所有内容，必然涉及内容的优先级排序，优先让那些可能的优质内容先冷启动，而不是对所有内容一视同仁地曝光。

除流量资源外，我们还需要进一步考量时间资源。

以社会热点为例，各家都要在时效性上争个短长。对于和时效性相关的内容，如果它能够更早地通过冷启动阶段，就能够更早地被适合的大众所消费。哪些先冷启动，哪些后冷启动，这个选择同样涉及对内容进行优先级排序。

冷启动会带来消费损失

正因为新内容是冷的，推荐系统还没有累积到足够充分的行为数据，只依赖有限的静态特征，必然会导致系统推荐得没有那么准。所以对于系统来说，用于冷启动曝光所带来的点击量一定是低于那些系统认知比较完善的"热"的内容。换言之，冷启动一定是有损的。

因为我们可利用的资源是有限的，且冷启动是有损失的，所以我们需要重新明确冷启动阶段的目标：我们追求的并不是将每一个内容冷启动好、推荐好；我们追求的是以尽可能小的代价给系统补充足够多的可消费资源。

以尽可能小的代价为导向，我们应该把冷启动内容曝光给谁？

显然，不应该曝光给新用户，也不应该曝光给那些今天刚刚打开应用的用户，我们首先要保证他们在启动应用的时候有更满意的消费体验。随着用户消费的逐步深入、使用时长的逐步增长，再穿插一些冷的内容进行试探。类似于我们会将球赛的垃圾时间分配给替补队员进行实战演练，而更重要的时段一定要保证王牌队员在场。

在实践中，我们通常会通过规则的方式确定信息流中的曝光位置：

- 新用户和回流用户的流量不插入冷启动内容；
- 活跃用户当日前N分钟的浏览不插入冷启动内容；

- 当某个用户的列表可被插入的时候，在每刷的第N个位置插入冷启动的内容。

基于上述规则，我们大体上能够估算出来每天可以被用来曝光的流量规模。

以提升效率为导向，我们如何善用冷启动的流量资源？

我们可以给冷启动的内容设定曝光的阶梯分配机制，以及何时止损。给到内容的冷启动流量不是一次性分配的，而是通过阶梯的方式逐步提供。就像球赛中，球队需要从小组赛中逐步突围一样，假使内容在第一阶段没有得到足够多的点击反馈，便停止进一步曝光量的分配。这样，我们就能够有效提升曝光资源的利用率。

我们需要充分意识到：绝大多数的内容（尤其是UGC和搬运内容）是没有普世消费价值的。换言之，我们不需要等到曝光1000次之后，才能证明一个内容是没有消费价值的，可能内容在前100次曝光里没有获得点击，我们只要有80%的确度证明它是没价值的，就可以丢弃该资源了。

以足够多的可消费资源为导向，我们如何评价资源的价值？

涉及我们对新内容品类和品类供需的分析，如果一个品类是内容稀缺的，那么这些内容自然需要更快、更完整的冷启动；如果某个品类的内容供给已经过剩，那么随机丢弃掉一些内容也未尝不可。常见的规则有：

- 高等级作者发布的内容优先曝光；
- 待扶持品类、具有生态价值的内容优先曝光；

- 运营干预的内容优先曝光。

尽管我们在持续优化冷启动的有效性，但客观上，冷启动过程具有一定的偶然性。

为了评估冷启动环节的效率，我们可以评估一批优质内容的冷启动点击率。如果在前 1000 次曝光中，这些优质内容的点击率较高，说明我们的系统能够更有效地找到内容的潜在目标受众。

为了评估冷启动环节的稳定性，我们可以通过将同一内容清除历史数据重新冷启动的方式，来观测后续表现。如果前后两次冷启动的效果差别不大，则证明我们的系统是相对稳定的。反之，可能存在着冷启动内容理解、曝光资源分配等不同环节的问题。在一个不太稳定的系统中，对于创作者而言，如果新发布的内容没有收到好的反馈，删除后重新发未尝不是一种值得一试的方法。

新品类的冷启动

如果我们将推荐系统比作一家超市，那么从商品供给层面，超市需要做的就是不断地覆盖市面上值得引入的新商品，无论是自制熟食、农场直供还是进口商品，品类、品牌和价格区间的全覆盖能够帮助超市更好地服务消费者。同样，推荐系统在资源端的建设上，始终在追求不同载体、不同品类、不同创作者的覆盖度。

而当引入一个新的品类时，冷启动的难度就升级了：我们需要解决的问题是如何将一批全新的内容融入系统当中，就像是把一盆冷水倒进一锅热水里，既要注重节奏，更要控制损失。结合我们对品类内容的认知，有如下几种曝光方式。

全量用户曝光

在品类受众规模较大的前提下，一个确实有用的方法是"大力出奇迹"：即在不考虑所有先验信息的前提下，直接将内容推荐给用户，交给推荐引擎来判断。对应到超市的场景下，或许就是那个摆在超市入口处的堆头，通过强流量曝光的方式让消费者知晓，交与其尝试和判断。

我们可以增加一路新品类内容的召回，或提升新品类内容的加权系数，以保证内容能够展示在一定规模用户群体的信息流中，用曝光规模换取点击数据的累积，让系统能够了解新的品类。在保证曝光量的前提下，大品类使用"姜太公钓鱼，愿者上钩"的方式能够逐步挖掘出对应受众群体。

以长视频网站采购了重要赛事的版权为例，如奥运会、世界杯、欧洲杯等比赛，因为其受众是全人群，所以视频网站会在节目开播时，在首页给出固定广告位进行强曝光。在逐步找到视频节目的稳定受众人群（追更人群）之后，再定向地以推送、信息流推荐等方式触达。

专家规则定向曝光

如果待冷启动的是一些小众品类，那么采用直接曝光插入的方式就不合适了。

假设一个小众品类在平台只有千分之一的受众，那么，即便对于有千万日活量级的应用来说，平台受众也只有万量级。即便我们将这个品类的内容曝光百万次，预估的点击人数也只有1000人，再叠加目标受众有可能错过或误点击的因素，品类冷启动的效率可能会更低，不仅收敛速度过慢，曝光损失也过大。

为了让这个过程效率更高一些，我们可以引入专家系统的先验知识：即基于专家的经验制定人群定向规则，以规则指导新品类的分发，从全人群的曝光转变为特定人群的曝光。对应到超市的场景中，如果我们引入了小龙虾的品类，可能会把它和啤酒共同摆放，基于购买场景的推荐更能够带动商品的销售。

同样以长视频网站为例，如果网站需要冷启动的并非头部综艺，而只是类型综艺，那么就需要更精细化地确定其目标人群究竟具有什么特征。比如街舞类节目，我们能够构想出其用户画像是：年轻人，喜欢标榜个性，喜欢潮流服饰、街舞等分类的内容。那么，这类节目的目标人群分发规则就会被设定为：15—30岁，过往的观看记录中有对潮流服饰、街舞等内容的偏好等。

除了小众品类，还有一个品类被定义为易反感品类。对于这些内容或商品，我们需要严格控制其探索的过程或者压根不探索。比如，在内容平台里的车祸类、动物捕食类视频，都是部分用户愿意消费，但是另一部分用户极度反感的内容；在电商平台里的殡葬业商品，也是国人很忌讳的商品。

品类冷启动的衡量与权衡

除了单纯的曝光补贴、召回加权等方式，我们还可以"用魔法打败魔法"：经过共识，给冷启动品类更高的收益预估。即已有内容的点击权重是1，而冷启动品类的点击权重是1.2，相当于刻意引导推荐引擎更偏向新品类内容的分发。这样，既能够让算法模型在一定程度上更倾向于分发新品类的内容，又不至于像卡片插入那么生硬。

如何衡量一个品类内容冷启动是否成功？我们最终衡量的是品类内容的留存和回访指标，即在流量补贴、权重倾斜的机制停止后，该品类是否每天依然能够有稳定的消费规模。只有这样，新品类才能够自力更生，才算得上是品类冷启动成功了。

我们之所以愿意不断建设新的品类内容，就是为了让用户在系统内形成更丰富多元的消费习惯，这不仅能带来更长期的用户留存，还能够为内容的生产者带来更稳定的创作预期和生产创作环境。

新用户的冷启动

对于推荐系统来说，用户既是消费者也是生产者，那么这是否意味着用户的冷启动和内容的冷启动是一个对称的过程呢？

并不是！

从业务角度来看，服务（内容、商品）冷启动和用户冷启动追求的目标并不相同：

- 内容或服务的冷启动，我们的核心目标在于"筛"：筛出一部分好服务。通过用户的行为去检验新的服务，基于优胜劣汰的结果，将那些用户反馈不好的内容或商品束之高阁。

- 用户的冷启动，我们的核心目标在于"留"：留下每一个用户，用优质的内容和服务去迎合用户，通过找到用户感兴趣的内容，不断提升新用户的次日留存率。

一者在筛，一者在留。新用户的冷启动首先需要实现"把用户留下来"的业务，然后才会承载推荐系统的用户兴趣探索的目的。所以，新用户的冷启动阶段并不求全求广，不需要立刻拓展出用户完整的兴趣图谱，而是找到一两个兴趣点即可，先通过内容留住用户。所谓来日方长，先有"来日"（留存），才能"方长"（有进一步兴趣探索的空间）。

为了提升用户冷启动的效率，降低试错的概率，我们就需要尽可能收集用户相关的信息，通过标签化用户的方式将其归纳到某一个统计学的集合当中。

在产品外部，我们可以通过设备信息、权限信息、分发渠道等来收集信息，并基于这些信息对用户进行分组统计，从而生成"这一类型用户偏好什么内容"的预判。

在设备层面，手机品牌和型号都是可以参考的信息。援引企鹅智酷的数据：年轻男性偏爱小米品牌，女性偏爱OPPO、vivo品牌，中年人偏爱华为品牌，这样，我们更容易获悉用户大体的特质。我们还可以进一步将不同的手机型号对应到不同的消费水平，以进一步进行前置的分组。

在操作系统权限层面，通过获取手机相关的信息和权限，我们能够更好地标记用户：

- 设备唯一标识：我们通过设备的唯一标识来确定这个用户是一个纯新用户，还是一个重装的回流用户。随着手机厂商对用户隐私信息的保护，曾经能够使用的国际移动设备身份码（IMEI）已经退出了历史舞台。今天，我们更多应用到的是广告标识码（IDFA），同一设备上获取到的IDFA值是相同的，只要用户没有主动禁止广告跟踪，就能够通过这个唯一值来确定用户。

- Wi-Fi信息：通过Wi-Fi信息，我们可以将同一个Wi-Fi环境下的用户圈定出来，并基于用户在Wi-Fi网络下的时间来推测他们彼此间是否为家庭关系、工作关系等。

- 地理位置信息：通过地理位置信息，我们圈定用户所在的城市和常住位置。通过记录用户一段实际时间的地理位置信息，我们还可以大体预估出用户的行为轨迹。

- 通讯录信息：在欧美相对会更有用一些。过往许多基于关系分发的应用、金融类的应用会通过读取用户的通讯录信息来补全社交网络，判断用户是否可信。

但是，随着隐私法律越来越规范，上述权限的获取要求也变得越来越严格，只有在契合的应用场景中才能够申请相应的用户权限。此外，不同的地区和国家往往有着不同的权限管理要求，需要针对性配合与应对。

在应用层面，结合产品的分发渠道、联合登录等方式，我们可以获得一定的补充信息。

- 分发渠道：在安卓设备上，通过不同的市场渠道、不同的素材转化而来的用户具有不同的特点。比如，通过金融相关素材转化的用户，大概率会对金融类内容更感兴趣。我们可以通过和广告素材联动的方式，获取到新装机的用户点击了哪类广告素材，进而补充用户的初始偏好信息。

- 应用家族：对于BAT（百度、阿里巴巴、腾讯）、ATM（阿里巴巴、腾讯、美团）这样有多款热门应用的公司而言，通过应用与应用之间的交叉验证，就已经能将未登录的设备对应上已注册的用户，从而复用已有的用户信息了。比如从某种角度上来看，腾讯可能是比你更了解你自己的公司：从最基础的通信工具QQ、微信，到新闻阅读"腾讯新闻"，再到娱乐化消费的"腾讯视频""QQ音乐""QQ阅读""王者荣耀"等，不胜枚举。对于腾讯系的产品而言，如果善用户画像，怕是没什么用户算得上是"新"用户了。

- 登录方式：通过第三方登录能够更快速地获取用户的基本信息。国内有微博、微信的联合登录，国外有Facebook的联合登录。以微信登录为例，我们能够获得的信息包括：用户昵称、性别、省份和城市、用户头像和唯一标识信息；以Meta登录为例，我们可以获取到用户的年龄、好友列表、性别等更完善的信息。在其开发文档中，亦为不同权限的读取提供了建议的使用方式（表2-1）。

表 2-1　Meta 登录中，不同权限读取的建议使用方式

user_friends	user_friends 权限允许您的应用获取应用用户的好友名单 合理使用方式 • 提供与 Facebook 相关的内容，为用户打造个性化体验
user_gender	user_gender 权限允许您的应用读取用户 Facebook 个人主页中显示的性别信息 合理使用方式 • 用于确定正确的代词 • 根据性别为用户打造个性化体验，例如在交友、购物和时尚应用中
user_hometown	user_hometown 权限允许您的应用读取用户 Facebook 个人主页中显示的家乡信息 合理使用方式 • 根据用户的曾住地和家乡，为他们打造个性化体验

在功能层面，我们可以通过问询的方式来收集新用户的偏好数据。

• 偏社交性的应用会引导用户上传真实头像、补充身份信息等，结合用户提交的性别年龄，基于人群上的统计意义来进行推荐。比如，相亲类应用会面向用户收集身份认证（同时获悉了性别、年龄、籍贯）、学历认证（学校、专业）、位置信息，从而构建出一个用户的基础信息。

• 偏阅读性的应用会让用户手动选择自己感兴趣的领域，或通过对一些有区别性的内容进行打分的方式来判断用户的喜好。以即刻为例，在用户首次装机启动后，通过展示主题订阅页来引导用户订阅自己感兴趣的主题。

在推荐层面，我们往往会通过单独制定推荐策略的方式，来留住新用户。

通过相关性分析，我们往往能够找到影响新用户留存的Magic Number，当我们将某个指标超过阈值后，往往能够获得比较好的

图2-5 用户首次启动即刻App后看到的推荐页面

新用户留存效果。对于社交类应用，往往是用户和对侧建立了几个关系；对于内容消费类应用，往往是用户完成了几次有效阅读。

以内容推荐场景为例，最常见的新用户推荐方式，即采用非个性化的全局热门榜单内容。

这样的内容集合同时满足了"新"和"热"两个特点，用户即使不感兴趣，也不至于反感，通过用户在热门内容的点击分布情况和用户自主探索的点击情况，我们积累相应数据，再逐步转换到个性化的推荐。Netflix的研究也表明，新用户在冷启动阶段会更倾向于热门内容，而老用户更需要长尾内容的推荐。

在全局热门内容之上，我们可以按照平台已知数据，基于兴趣覆盖面由大到小的次序，选择将那些有区分度的内容曝光给用户，从而探测用户的喜好。

比如，娱乐、军事、体育是大类内容，那么可以优先展示这些大类的内容给用户。如果用户表现出了对娱乐类目的偏好性，那么可以一方面纵向深挖娱乐类下各个子类的兴趣分布，另一方面也可以通过贝叶斯概率，基于已有的"喜欢娱乐的用户是更

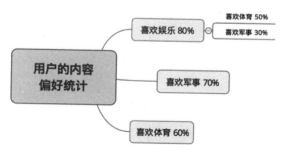

图2-6　用户的内容偏好统计树状结构

喜欢军事还是更喜欢体育"统计数据，选择下一步应该优先探测军事类目还是体育类目，沿着树状结构去探寻用户更可能感兴趣的类目内容。

需要明确的是，留存永远是一个结果指标，而不是可发力的过程指标。

我们只有通过找到和用户留存正相关的过程指标，通过充分收集用户信息、定制化用户的交互功能、推荐策略，才能够更好地围绕过程指标做功，实现"留住用户"的目的。

不见不散，来日方长。

用户兴趣探索：从一元到多元

顺利通过了冷启动阶段的用户，就像是从新手训练营毕业，依赖于自身画像在系统中找到了自己的位置。当新客已成熟客，在已经实现了用户短期留存的前提下，推荐系统就有余力从长计议，通过牺牲一定的短期点击率来探索用户更广泛的兴趣。

既然我们已经留住了用户，且在冷启动阶段习得了用户最感兴趣的标签，那为什么还需要牺牲点击率，不断探索用户更多元的兴趣呢？

抛去各种打破信息茧房的高大上言论，用户兴趣探索仍然是符合平台利益的。

在推荐系统内，我们经常会碰到一种现象：留存率断崖式下跌。明明用户在过往阶段的点击、交互行为等过程数据表现都很好，可突然某一天就不来了。何以至此？如果我们的应用本身是长周期性应用（而非相亲类应用、装修类应用），那就需要深挖用户的消费行为数据来一探究竟。

通过回溯用户流失前后的消费行为，我们可以发现一丝端倪：在流失前，用户消费的内容往往过于单一，而随着这类内容库存的不断消耗，用户会在某一天突然发现，没有好内容可以消费了，自然会选择离开。典型的例子，就是各视频网站通过头部内容拉来的会员用户，头部内容一口气看完了，而对中长尾内容的兴趣还没有建立来，自然"来也匆匆，去也匆匆"。

我们只有更了解一个用户的多元兴趣，才能够给用户提供更多元的可消费内容；只有可消费内容的候选集合变得更大了，用户才会更容易看到令他满意的内容，从而收获长期留存率的提升。这也是为什么很多视频网站会去追用户的内容订阅量，让更多的剧、综、影和用户发生联系，内容分发应用会追用户兴趣画像的多样性。

以爆款内容（服务）引来用户，以多元内容（服务）来留住用户。

那么，该如何做用户的兴趣探索呢？我们可以分别从主动和被动角度切入。

主动行为收集和理解

伴随着用户停留时长的增加，用户会在系统内沉淀更多的主动行为，如评论、关注、搜索、调整频道顺序、访问不同功能页等。产品运营人员需要理解这些主动行为背后的动因是什么，从而进行相应的拓展，不断完善用户画像的信息。

比如，在电商场景下，当用户搜索关键词"奶粉"。如果这个关键词是过往没有出现在他画像里的关键词时，这很可能代表消费者本身晋级奶爸、奶妈了。我们就可以以该搜索词为出发点，尝试拓展母婴类商品在推荐流中的曝光量，来判断用户是否会对相应的内容和商品有持续的消费行为。

图2-7　淘宝在搜索儿童相关关键词时进行的交互引导

　　　　　　　　　　　　　　　　　　　推荐连接万物

尽管推荐系统极大地降低了对用户行为输入依赖的要求，但出于丰富用户画像的考虑，我们还是会通过各种产品手段引导用户多做功，把被动用户变成主动用户，把浅度用户变成深度用户，激励他们更多地探索、沉淀更多的行为。

　　同样以用户搜索"奶粉"为例，我们除了母婴商品的直接曝光，还可以通过引导用户完善信息的方式，来填写宝宝信息，从而进行更有针对性的拓展。如图2-7，即为淘宝在搜索儿童相关关键词时进行的交互引导。

被动曝光探索

　　如前述冷启动章节所提到的，不同兴趣点的内容或商品之间存在转移概率（即在用户喜欢商品B的前提下，喜欢商品A的概率有多大）。我们可以通过贝叶斯概率来描述不同内容消费行为、不同商品购买行为之间的关系。同样以基于用户购买了奶粉后推荐其他儿童类商品为例：

　　• 待确定的部分，用户是否需要购买儿童服装，记为事件A；

　　• 已知的部分，用户购买了奶粉，记为事件B；

　　• P（A/B）即用来表达：当用户购买了奶粉后，有多大概率会购买儿童服装。

$$P（A/B）=P（A）\frac{P（B/A）}{P（B）}$$

系统会基于更多用户的行为统计来计算概率："购买了商品 1 的用户，有多大可能购买商品 2"，从而当用户做出不同的行为时，预测出他后续更可能的行为是什么。

从理论上来说，如果我们划定一定比例的展示量用于新兴趣探索，那么只要用户的停留时长够长，就可以"以时间换效果"，遍历系统中的诸多内容分类和兴趣点，收敛出用户兴趣的全貌。

从这个角度来看，兴趣探索就是用户冷启动过程的延伸。因为我们不知道用户是否对我们推荐的新内容、新商品感兴趣，所以这个过程对核心业务指标（如阅读、加入购物车等）是有损的。为了控制损失，我们通常从用户的列表页里划拨出一些相对靠后的卡片位置用于探索。尽管会在一定程度上影响点击率或用户停留时长，但是往往不会对用户的留存构成负向的影响。

小众兴趣丢失

在用户的兴趣探索过程中，除了对有一定规模的内容品类的探索，我们还需要进一步关注小众兴趣的探索和丢失问题。小众兴趣是一个供需双弱的问题：偏好的人少，对应的内容供给也少。比如，用户的兴趣偏好是"攀岩"，但假如系统内这类内容只有 100 条，就会同时引发探索和消费两方面的问题。

从探索的角度来看，小众品类内容太少会导致其优先级较低，往往收到了用户一次负反馈就会影响后续的探索。而用户的点击客观上存在偶然性，一旦因为上下文、场景等关系没有点击，系统就会转向其他兴趣点，从而错过此类内容的发现。

从消费的角度来看，即便发现了用户的小众兴趣，但是若干次刷新之后这类内容就全部被消费殆尽了。之后，由于缺乏足够优质的内容供给，用户会在相当长的时间段里没有办法触达此类内容。系统基于行为衰减的考量，小众兴趣就会被慢慢地淡化和丢失。

为了应对小众兴趣的探索和丢失问题，我们需要从资源建设角度和产品设计角度双管齐下：

定向扩充小众兴趣标签的资源池，尽量使其有足够多的内容覆盖，进而成为某个特定领域的品牌高地。比如，搜狐视频一度出圈是因为其在美剧资源方面的建设。2010 年，搜狐视频引入了如《迷途》《越狱》《老友记》《生活大爆炸》等一大批正版美剧，得到了大批美剧迷的拥趸。一时间，"看美剧，上搜狐"成为搜狐视频的一张名片，不仅收获了一批高质量用户，同时获得了大量头部品牌广告主的青睐。

完善产品设计，通过鼓励用户主动表达和做功，来降低兴趣衰减的速度。比如，对于小众的兴趣点，我们可以加强关注、收藏、订阅等行为的引导。把选择权交给用户，而不再去猜用户。同时，对于一些小众内容的探索，与其曝光单个内容，不如直接暴露小众主题的入口，让用户在主题列表里进行订阅、关注和消费。

好的推荐系统，不应该满足于做一个片面追求点击率的高热系统，而应该在保证用户中期留存的前提下，通过一次次的探索尽可能触达未知领域，既能给用户带来预期之外的惊喜，也能给业务带来更深度的用户绑定和长期留存。

生产者分级：从货品到供货商

推荐系统是一个连接器，一端是用户，另一端是内容或服务。作为平台的运营方，我们需要进一步看到，内容和服务背后是有生产者存在的。只有运营好生产者，营造出良好的生产者生态，才能够保证分发生态的健康稳定运转。

在实际经验中，无论是内容系统里的创作者分级体系，还是电商系统里的卖家分级体系，平台似乎总是倾向于对生产者进行三六九等的划分。不是一直说推荐系统应该放弃主观因素，让内容以众生平等的姿态经过冷启动阶段，通过用户的行为投票来分个高下的吗？那么为什么还要对内容背后的创作者、商品背后的卖家进行分级呢？

想要回答这个问题，我们或许可以从推荐冷启动效率、生产者生态运营两个角度来拆解。

内部分级有助于提升冷启动效率

如前所述，在内容冷启动阶段，业务追求的并不是将每一个内容冷启动好、推荐好；我们追求的是以尽可能小的代价给系统补充足够多的可消费资源。换言之，只要每天能够有足够多的新增优质内容（服务），即便错过一些，也是可接受的。

进而，在内容和服务冷启动的取舍过程中，将谁保留、将谁丢弃、将谁提权、将谁降权，就成了一个资源优化分配的问题，依赖的不仅是内容本身的文本信息，更是内容背后的生产者信息。

生产者信息，代表了生产者在平台内过往累积发布内容的历史表现，并进而获得了系统赋予的授信额度。尽管内容是无连续性的，但是内容背后的生产者是有连续性的，我们假设这种生产者生产水平的连续性，可以保证其产出内容的消费稳定性和受欢迎程度的稳定性：

• 因为生产者过往的内容表现比较好，我们更倾向于相信他所发布的新内容表现会比较好，从而优先插队进行冷启动；

• 因为生产者过往的内容偏向于某个群体，我们就更倾向于将他新发布的内容触达对应的群体，从而加速冷启动的过程。

生产者分级的存在，使得新内容的冷启动不再是一张无记忆的牌，而是可以基于生产者分级给予对应的资源授信额度和分配优先级，从而优化系统，极大化业务产出。

以音乐平台的推荐为例，我们可以代入一个网友通过平台发布音乐作品的历程。当他默默无闻时，其音乐作品难免需要进入冷启动的排队序列，慢慢地排队，等待进行曝光探索。而当有了一定的累积数据和受众之后，当他再发布新的歌曲时，我们就可以优先将其内容插入，使之能够更方便地将作品推荐给过往的受众，完成冷启动的环节；再进一步，如果他成功出道，有了厂牌和名声，甚至有可能直接跳过系统的冷启动环节，直接通过运营的方式推送给更广泛的人群。

以搜索引擎的索引建设为例，网站即可视作网页内容的生产者。对于单个网页而言，我们可以通过PageRank的方式度量个体的重要程度。那些拥有更多重要网页的网站本身也有更高的权重，从而获得时效性更高的索引建设、更靠前的搜索结果展示位置。

生产者的内部分级，有助于我们用尽可能小的资源损耗发现尽可能多的有消费价值的资源。通过监测一定级别的生产者的内容表现，我们还可以进一步去发现我们的分发机制中可能存在的问题。比如，如果一个A级生产者新发布的内容一直表现不佳，就有可能通过触发机制将讯息反馈给对应的运营人员和产业研究人员，进行后续的人工分析和干预。

内部分级有助于降低管理成本

作为平台的运维者，我们在处理内容和商品分发机制的同时，也在干预着内容和商品背后生产者的利益，无时无刻不处在一种动态博弈的过程中。每当平台策略有所迭代、运营策略有所动作的时候，就像往湖水里丢下一颗石子，激起一圈圈的涟漪。我们会见识到各种各样的正向激励效果和千奇百怪的负向作弊行为。

那么，该如何有效地引导和管理，提升正向性的比重、降低负向性的比重呢？

答案在于：从交易规模出发，保证大体量的交易规模下都是正向性行为驱动的。

基于二八法则，平台内 20% 的生产者就能够贡献 80% 的交易规模（内容消费量或商品消费量）。只要产品运营人员能够正确地识别出这 20% 的生产者，与其有效协作、激发其正向迭代，就能够显著提升平台的正向性生态。

落地到实践过程中，一个有效的方式就是基于过往的消费规模、违规记录等角度给生产者以不同的等级，进而匹配不同的授信空间。我们可以枚举出一些规则：

• 原创内容生产者优于搬运内容生产者，品牌商家优于白牌商家。这是从生产者的沉没成本思考的，做原创、做品牌的成本往往相对较高。相对来说，他们会更少做作弊的动作。

• 垂类内容消费规模大的生产者优于消费规模小的生产者。市场是检验消费性的唯一标准，有消费者买单的生产者才是平台真正应该维护的生产者。之所以限定了垂类，是为了防止大类别吃掉小类别的情况，如娱乐体育类下中等级生产者的消费规模，往往会超过小类目下头部生产者的消费规模。

• 平台耕耘时间长、粉丝积累多的生产者优于新注册、新入驻的生产者。同样是从生产者过往的投入和运营沉没成本出发进行的考量。

基于上述规则，我们通常将生产者划分为优、良、中、差四级：

- 在流量和补贴资源分配上，优先将资源倾斜给优良级生产者，中级生产者不偏不帮，对差级生产者以打压。

- 在审核速度和客服速度上，要求优先审核优良级生产者所发布的内容或商品，对审核、客诉有更高的时效性和响应度的要求。

- 在运营活动中，优先邀请优良级别的生产者参与，部分平台还会为头部生产者分配一对一的运营人员。

此外，很多新平台还会交叉利用其他平台的已有信息，来帮助自己更快地评估生产者。比如，很多内容平台在引进创作者的时候，往往会参考微信公众号平台和头条号平台的数据信息，如果生产者在微信公众号或头条号内有比较多的粉丝或消费规模，就能够在新平台得到比较高的起始权重。

以百家号为例，平台中通过内容助手提供了关联微博、头条号、小红书等多个平台内容的方法。通过关联多平台，一方面可以帮助平台得到更多的授权内容，另一方面可以帮助平台了解和监控创作者在其他平台的运营状况。比如，如果某内容在头条号得到了非常高的分发量，但是在百家号受众寥寥，考虑到两个平台都是全人群平台，这样的例子就值得产品运营人员进一步分析。

由于在具体的运营过程中，生产者评级往往涉及流量资源和现金补贴的分配，那么，如何尽可能减少评级过程中的漏洞、降低作弊的可能性呢？

推荐连接万物

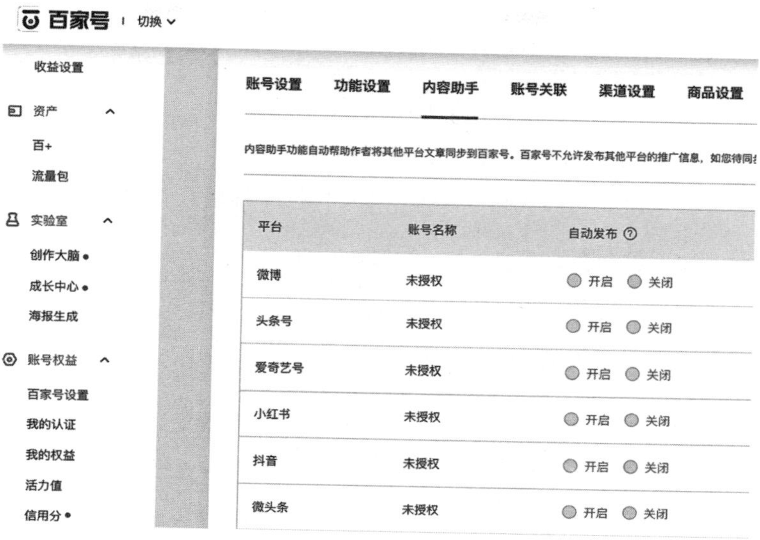

图2-8 百家号交叉利用其他平台的数据信息

　　这里提供一个基础原则：机器调级，人工降级。即机器基于规则提供调整级别的建议，人工只能够修改规则或者向下调整级别。

　　之所以将人工的权限限制在通用规则的制定和向下调整级别，是因为当一个生产者被评为高评级后，必然会纠缠很大的利益。为了杜绝运营岗位可能的作弊行为，我们就需要控制运营角色可以单独对某个生产者进行向上调级的权限。运营角色只能够基于发现的负例进行向下的打压，并完善通用规则，使得产出的评级分布符合业务的主观认知。

　　一个通用的分级流程如下所示：

1. 运营人员制定基础规则；

2. 机器按照周或月的维度，基于规则生成级别调整的候选集；

3. 围绕待调整的对象，运营人员人工进行抽检或核验，如果核验无误的话即放行，对于存疑的情况可以做出不予升级的处理，并记录在案；

4. 基于存疑的调级情况，抽离出通用的特点，据此优化基础规则。返回步骤 1。

外显分级有助于引导生产者生态

除了系统内部存在生产者分级，我们还常常能够在各平台上看到各种公开的生产者评级。这种评级和系统内部实际使用的生产者分级并不一致，它们更多的是一种运营手段，通过部分特征信息的公开，实现对于生产者生态的构建和引导。

如前所述，推荐是个黑盒，即便我们能够罗列出系统中使用的各种特征、各路召回，也没有哪位研发人员能够告诉你为什么内容 A 会爆火，而看起来差不多的内容 B 却反响平平。内部环境中，产业研究人员尚且对推荐的黑盒感到费解，更罔论生产者在外部环境里的观察结果了。

一个黑盒的系统，对于外部生产者而言是不稳定的环境。而分级体系的外显化，就能够在不稳定的环境中创造出一种相对的确定性，从而在一定程度上改善生产者的体感。

选择引导特征

首先，我们可以选择将一部分能够切实影响推荐效果的显性特征曝光给生产者：如内容的消费时长、粉丝的互动情况、发文的频率等。通过这些特征的公开，让生产者明白平台鼓励什么，改进哪些方面能够提升自己的被曝光量；平台杜绝什么，规避哪些方面能够避免自己被限流、封号。

其次，除了推荐算法本身会用到的特征，我们还会因平台的运营目的发布对创作者可见的特征。比如发文的勤奋度，和粉丝的互动情况，对平台上一些新的功能、新的场景的使用情况等。这些特征或许并不会显著作用于算法，但是能够帮助我们形成对于生产者生态的有效引导。

为了保证特征的引导性，我们需要干预系统，以使这些外显的特征能够和生产者的内容消费规模保持相关性，即做到了不一定有多好，做不到一定会差。通过基础保障机制来保证合规生产者的体感，通过系统负向降权规则来打压违反基础原则的生产者。

量化评级特征

在给出一些特征之后，我们可以进一步将这些特征量化，形成相对更明确的数值和进阶关系（即分级体系）。

人类这种生物似乎天然可以被设定目标和规则，有了目标之后，就能够朝着目标去努力。"积分、徽章、排行榜"，游戏化经典的三把斧套用在生产者的分级晋升阶段后，就能够更好地增加生产者确度的感受，从而让他们看到自己的努力能够体现在数值的提升之上。

如图 2-9，显示的是知乎的创作分的雷达图，包含了创作影响力、内容优质分、创作活跃度、社区成就分、关注者亲密度五个维度。

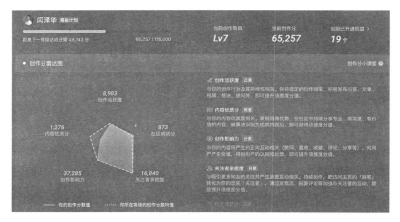

图2-9　知乎的创作分的雷达图

评级挂钩反馈

当然，如果只有分数等级，没有实质的反馈，评级就成了一张空头支票。为了实现生产者激励，平台通常会基于分级体系，给到生产者"名"和"利"两部分的正反馈。

"名"的部分，包括在平台上围绕生产者外显的等级（如电商平台的卖家等级、创作者平台的荣誉标签），以及一些按周、按月、按年度进行评审的平台奖项。通常，我们会在平台中设计单独的页面来记录生产者所获得的荣誉奖项，就像游戏中的徽章一样，来增强生产者的荣誉感，也为其可能的外部合作进行背书。

比如，知乎在 2021 年时就推出了知乎"十年新知答主"的荣誉认证，基于多个维度选出了一批"十年新知答主"，并在社区流通的多个场景中，展示其对应的荣誉标识和挂件。

"利"的部分，通常会以流量激励和现金激励的方式呈现。流量激励的部分，通常表现为当创作者累积到一定级别之后，其发文后通常会得到一个初始流量包，即便这篇新内容的冷启动反馈不佳，也依然会通过系统补贴的方式得到这部分流量，从而在一定程度上增加旱涝保收的确度。现金激励的部分，通常表现为平台的礼品、按月的补贴（如网文平台的全勤奖）、一些活动的评奖资格、更高的返点机制等。

比如，头条号平台就推出了面向腰部生产者的"青云计划"。评选不参考账号粉丝数及文章数据，以文章内容为主要参考依据。

青云计划主要分为"单日优质图文""月度优质长文""月度

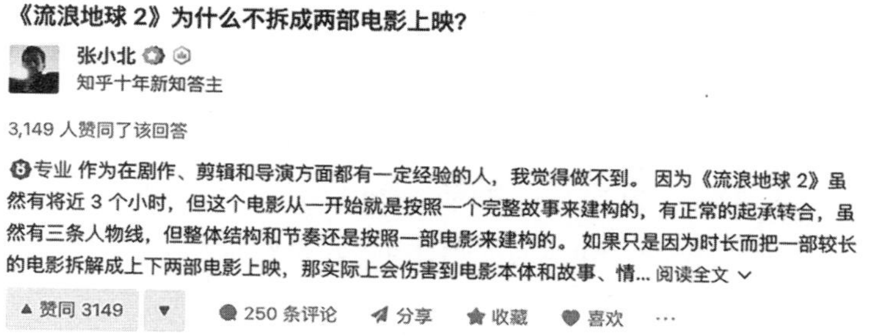

《流浪地球2》为什么不拆成两部电影上映？

张小北 💬 ⓥ
知乎十年新知答主

3,149 人赞同了该回答

🅱专业 作为在剧作、剪辑和导演方面都有一定经验的人，我觉得做不到。因为《流浪地球2》虽然有将近 3 个小时，但这个电影从一开始就是按照一个完整故事来建构的，有正常的起承转合，虽然有三条人物线，但整体结构和节奏还是按照一部电影来建构的。如果只是因为时长而把一部较长的电影拆解成上下两部电影上映，那实际上会伤害到电影本体和故事、情…阅读全文 ∨

▲ 赞同 3149　▼　💬 250 条评论　✈ 分享　★ 收藏　❤ 喜欢　…

图2-10　知乎对"十年新知答主"进行荣誉展示

优质账号"及"年度签约":

- "单日优质图文"奖励:每天奖励 100—1000 篇文章。账号每月首次获奖,奖金为 1000 元,非首次获奖,为 300 元。除此之外还会获得"当日优先推荐""青云计划徽章""精选频道展示"等多重权益;

- "月度优质长文"奖励:每月奖励 20 篇长文,每篇奖励 5000 元;

- "月度优质账号"奖励:每月奖励 200 个账号,每个账号奖励 5000 元;

- "年度签约":多次获得"青云计划徽章"的账号,经过平台综合评估内容质量、用户喜爱度等维度,将有机会与平台签约。

这些因为分级而额外支出的流量和现金资源,会被当作系统生态运维成本的一部分。

评级构筑沉没成本

创作者一谈到某推荐系统,常提及的就是做得很累:每一篇内容都需要从零开始参加 PK 和角逐,会不断面临平台规则的调整和更新。

尽管从消费者的角度或者从全平台的角度来看,将每一篇内容作为独立的事件,打没有记忆的牌的确是全局收益最佳的。但是,对于生产者而言,相当于没有形成自己的积累和私产(如有价值的粉丝、有预期的曝光量),自然很难对平台产生归属感。

换言之,纯效率导向的平台之所以能够持续不衰,靠的就是形势比人强，因为作为平台的我有足够多的流量资源，所以作为生产者的你不得不顺应我的规则，配合我的机制。

而评级则在这种冷冰冰的推荐机制上，构建起了一些看得见、摸得着、抓得住的东西，让生产者能够获得一些确度的累积。

评级给生产者创造了一种承诺：只要生产者通过持续积累能够达到一定评级，就能够持续稳定地得到对应级别的流量激励和现金激励。这在一定程度上拉近了生产者和平台之间的关系，也增加了腰部生产者离开平台的沉没成本。如果要切换到新平台，只有那些头部的生产者可能得到照顾，而自己只能从头开始。

业务不是一个无限资源系统，我们追求的是基于有限的资源把用户服务好。从这个角度来说，资源本身就会被评定为三六九等，更倾向于那些对系统贡献更高的品类资源（这种高贡献度可以是数量维度的稀缺，也可以是消费价值维度的稀缺）。

而作为稀缺资源的持续供应者，生产者也会因此获得内部评级，从而在推荐系统内得到不同的资源分配和调度。

业务不是一部冷冰冰的绝缘机器，我们希望能够和生产者之间建立正循环的沟通和引导关系，激励生产者契合平台的发展导向。这样，我们的系统就能够得到更多的正面内容，从而可以进行优中选优的推荐，而不是收获一堆负面的垃圾内容，需要花很大精力来进行资源的清洗和管控。

为了改善生产者的体感、增强推荐的可解释性、提升生产者在平台上积累的确度，就产生了可以外显的评级。只要生产者按照规范进行积累，就能够赢得更高的分数和评级，也相应获得平台的扶持和补贴。

一外一内两个评级，帮助我们提升了业务的迭代效率，以更小的管理损耗和资源损耗带来更大的消费规模收益。

列表页推荐：屏幕亦有屏效

推荐并不是只有一种信息流的表现形式，当我们将推荐的能力应用在列表页、相关推荐、推送、搜索等不同模块的时候，会有不同的模型目标和迭代方向。此外，用户是通过产品的交互界面和数据信息发生交互的，不同的交互方式、描述理由都会影响用户的决策。我们可以将推荐策略和交互方式结合起来，更好地实现业务目标。

绝大多数的应用，都采用了列表页和详情页两层结构设计。

用户打开应用，首先看到的是列表页，基于页面内卡片所呈现出的摘要信息进行快速筛选决策，然后点击进入详情页进行后续的消费行为（如阅读、观看、购买、资讯等）。

在线下业态中，有一个专有名词叫作"坪效"，指的是每坪的面积可以产出多少营业额（营业额/店铺所占总坪数）。为了改进坪效，线下的卖场会基于消费者的动线定期调整店铺布局、品类摆放分布等，通过时下热门的商品促销进行引流，在用户的动

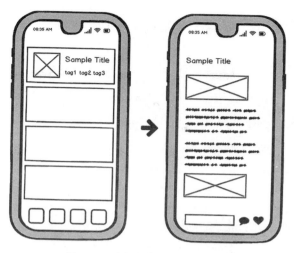

图2-11　列表页+详情页两层结构

线过程中摆放热门商品，从而促进销售额的提升等。

当线下迁移到了线上，坪效的计算逻辑依然成立，只是"坪效"或许可以改称为"屏效"。我们借由手机屏幕的方寸之地构建起一个线上的虚拟空间，对于这个虚拟的空间，我们同样追求通过有效的迭代，让用户尽可能多刷（类比线下的尽量多逛），在刷的过程中产生尽可能多的有效行为（类比线下的尽量多买）。

在这样一个大用户量、高曝光量的列表页场景下，就让我们一起聊聊如何应用推荐来提升列表页的"屏效"。这里有两个切入点：底层排序逻辑、表层展示逻辑。

底层排序逻辑

列表页内容究竟该如何排序？

一个直观的想法是，基于业务的核心指标，将围绕用户计算出的个性化结果按照打分进行降序排列。

可随之而来的问题是，既然我们是按照打分降序排列的，那是否意味着从列表页第一个位置开始，内容一个不如一个、一屏不如一屏呢？

从理论上来说，的确如此。

在没有引入额外变量的前提下，系统给特定用户产出的排序结果应该是稳定的。如果我们的推荐算法对于用户的点击预估相对比较准确，那么从点击概率上来看，确实应该一个不如一个。

但在实际场景中，我们可以利用的变量，至少有两个：用户行为的变化、对侧供给的变化，即新的行为、新的供给。在系统算力足够强的情况下，就可以对这两个变量进行即时的响应和反馈：

• 当用户进行了有效的消费行为后，该行为就应该被作为输入数据及时反馈给模型，从而基于新的行为数据计算出新的推荐内容；

• 当系统有了新的供给之后，用户的刷新操作就可以触发一次重新计算，将新产生的内容纳入排序当中。

当然，如上只是理想态的讨论。

理想有多丰满，现实就有多骨感。对于绝大多数公司和业务而言，我们的系统并没有足够多的资源和算力来支持高时效性的反馈，就势必需要从产品机制上做出折中与妥协，以规则干预的方式来提升用户体感。

比如，离线计算出内容 A 和内容 B 之间的相关度，当用户点击内容 A 的时候，以"看了又看"的理由推荐内容 B。我们经常在列表页上见到的一拖三（点击返回到列表页后，插入三个相关内容或商品的方式）就是对这类场景的响应。

又如，系统每天的增量内容规模是很庞大的，但是具有时效性的内容往往可以枚举（比如赛事信息、新闻信息和财经新闻等）。我们可以为时效性的内容单独构建一个资源池，在用户刷新操作时增加一个单独的时效性召回通路进行计算。这样，就能使时效性内容更快速地呈现在用户的列表上。

虽然列表页的卡片逻辑上是按照打分降序排列的，但我们从实际的结果中常会看到这样一种现象：首屏结果的点击率往往还不如第二屏结果的点击率高。是我们的推荐系统出错了吗？

推荐系统没错，而是我们对于用户的预估太过乐观了。

就像是线下卖场每天有很多顾客进入后又转身折返一样，线上应用每天也有很多无行为用户。他们或许是被推送唤醒的，或许只是无目的地打开应用。在打开应用后，并没有进一步的有效操作（无论是刷新、上滑还是点击）就离开了。无行为用户的存在，使得首屏信息的曝光量中有很大一部分是无效曝光，增加了点击率统计的分母，使得首屏的第一个结果不如第二屏第一个结果的点击率高。

在建设数据报表时，我们也应当将这些无行为用户从统计数据中过滤出去，从而得到更有参考价值的用户报表和数据累计。

在实际操作中，除了按照个性化打分逆序这个基础原则外，列表页还承载了许多业务需求，如用户时长、商业变现、兴趣探索、流量照顾等，这使得列表页内的曝光为资源变得越发精细化起来。

首先，是用户时长和商业化变现的平衡。

皮之不存，毛将焉附。我们首先追求的是用户多刷、多用，在保证用户时长和留存的基础上，再增加商业化内容的比例。如果你仔细观察就会发现，新用户、回流用户的体验或者是老用户每天前几刷的体验相对来说是更加用户导向、体验友好的，而随着用户行为密度的提升、留存率的提升，信息流里也会插入越来越多的商业化内容。

其次，是兴趣探索和流量照顾的平衡。

在明确指标导向的前提下，推荐算法已经给出了当下算力所能支持的最优解，干预这个结果进行用户兴趣的探索和特定供给的扶持照顾一定是对指标有损的，这一点是毋庸置疑的。决策的逻辑仅在于，这个损失我们短期是否可以承受，长期是否有回报。

一个典型的例子是某公司的知识视频、国粹文化视频扶持计划，公关稿中号称投入了千万流量。在光鲜亮丽的扶持计划之下，隐藏的则是该公司的人均时长已经超过了 1.5 小时的事实。在这样的人均时长的基础上，即便损失几个视频播放，也不会让用户留存产生任何的波澜。

列表页是用户的主入口与主场景，当各种业务需求都抛出来的时候，大概率会插入列表页来承载实现。比如，百度的各业务都依赖于从搜索结果中获取流量，美团的首页划分为多个金刚位、流量入口。列表页也不再是简单的点击概率降权排列，我们需要更仔细地平衡新老用户的体感、平台的短长期利益，才能作出权衡与选择。

表层展示逻辑

在看不见的排序逻辑已经相对确定的情况下，想要进一步提升"屏效"，自然有赖于看得见的交互样式的设计和迭代。

在研发资源充沛的情况下，迭代列表页交互最省力的方式就是"借鉴+AB"。

一方面，在设备（手机、Pad）短期没有快速颠覆式变化的大背景下，无论是图文、视频、商品信息等，都有了相对成熟的范式交互方案，我们所做的工作更像是积木搭建而非重新创造。另一方面，如果我们所处的行业已经是相对成熟的市场，那么同行业内竞品所采用的方案本身，也在帮我们持续地教育着目标用户。

通过快速学习借鉴竞品或行业领先者的交互方案构成候选集，以AB实验的方式筛选和收敛实验方案，就能够帮助我们达到一个还不错的水平。

有个段子，我在某司工作的时候，对于列表页交互样式的迭代，半年的时间就已经到了 V18（第 18 个版本），而更为奢侈的是，V17 和 V18 是并行开发的，也就意味着自打立项那一天起，就已经预判要舍弃一套交互方案了。而通过研发资源的堆叠，我们也迅速收敛出了稳定的交互方案。

而在研发资源不那么充沛的情况下，就还是得审慎地前置思考，一个参考思路是：点要找准、字要放大、数要做正。

点要找准

在产品的服务场景下，用户真正关注的信息要素是什么？

比如，对于健身计划来说，可能是锻炼的部位、时长和难度系数；对于外卖服务来说，可能是菜品口味、送达的时间和价格；对于内容来说，可能是核心主题和图片等。

经典的方法论中，我们可以通过访谈、观察用户，来获悉他们的偏好是什么。在个人电脑时代，我们会邀请用户到公司，在专用设备上访问网站服务，从而获取用户的鼠标停留时长、眼动信息等。而在移动时代，我们可以在特定渠道包里进行软件开发包（SDK）植入，来记录用户的行为轨迹，甚至是录制用户的屏幕动作。如图 2-12，UXCam 就提供了屏幕录制功能。

而另一个取巧的方法是，产品运营人员可以通过观察在平台上分发效果比较好的内容、商品和同品类内容、商品的差别，去看看它们在标题、封面上突出了什么信息要素。这些信息要素是否能够更通用地应用到列表页卡片上来。

比如，我们曾经发现某些商家会将"五年老店""一万好评"

图2-12　UXCam提供了屏幕录制功能

拼接在自己的商品标题上，获得了不错的效果。产品经理就将店铺的累积荣誉抽象出来，以标签化或勋章化的方式呈现在卡片上，帮助更多的优质店铺获得了更高的点击率。

字要放大

如何将重点的信息以更有说服力、更显著的方式呈现出来？

找到了用户真正关心的信息要素，那么接下来就需要以适合它们的方式展示出来。在做信息呈现的时候，很多产品经理往往容易陷入逻辑合理性的窠臼，尽可能将信息按照逻辑结构分门别类地呈现。可是，用户是没有逻辑的，那些结构合理的灰色的标签、缩小的图标，绝大多数的用户都是视而不见的。

我们曾经做过一个有趣的实验，如图 2-13。当我们将对照组的标签直接拼接到实验组的卡片标题里，整体的点击率就提升

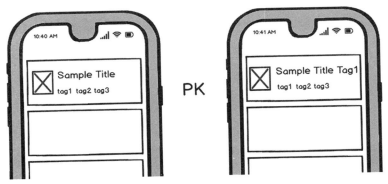

图2-13　信息呈现方式不同让点击率提升

了。从卡片信息量来看，实验组和对照组并没有差别，但是，考虑到信息呈现方式的差别，实验组对于标签信息的接收效率，显然更高了一些。

数要做正

形式永远需要为内容服务，内容永远需要为结果服务。在设计列表页的卡片交互时也是如此。

我经常和团队强调：所谓的逻辑关系不重要、产品经理或设计师的理念坚持不重要，真正重要的，是在调整交互之后数据指标能够呈现正向改进的趋势。这才是我们追求样式迭代的目的。

一个典型的例子，传统认知里信息流应该是有历史序列的，当用户向上翻页的时候，应该能够看到历史内容。但是，如你所见，在很多信息流应用里下拉或上翻超过几页后，就不会回溯历史，而是触发了刷新的操作。这样的交互方式或许并不符合你我

推荐连接万物

作为产品运营设计等"深度用户"的消费习惯，但是从全局数据统计上来看，这毫无疑问是最优的。绝大多数的用户并不需要历史记录，不需要收藏，更不需要什么高级设置。

在进行列表页交互样式迭代的过程中，要时刻谨记：我们在提供的是商品而非艺术品，迎合目标受众的诉求才是绝大多数场景下的最优解。就像是大呼小叫的电梯间广告，这种烦人的存在或许意味着其潜在的合理性。作为产品的设计者，更应该尊重客观规律而非主观偏好。

当然，交互样式的调整影响了信息的传达，往往会传导到点击分布的改变，从而影响到推荐系统的输入数据和输出模型。这也就是为什么，当平台更新了交互样式之后，平台上的商家和媒体需要适配。

优化底层排序逻辑，迭代表层展示逻辑，我们才能够打造出一个繁荣的线上应用，既有人场，又有钱场，构建出更好的列表页屏效。

列表页交互：单列还是双列，该怎么选？

2020 年 9 月 8 日，快手 8.0 版本上线，同时支持单列上下滑模式和双列点选并存的模式，引发业界慨叹"快手的抖音化"（图 2-14）。伴随着小视频领域两个最大的玩家都选择了单列沉浸式上下滑的交互方式，新来的玩家似乎也没什么可选择的余

图2-14　哪个是抖音？哪个是快手？

地，都慢慢采用了小视频单列的模式，让这种交互模式终于称雄天下。

但问题随之而来：为什么抖音、快手采用了单列模式，而小红书、B站等还在用双列模式呢？什么样的交互模式适合自己的产品呢？我们不妨秉持着产品样式设计"形式服务于内容，内容服务于指标"的原则，尝试拆解一二。

对于小视频产品而言，通常以"有效播放数"（播放时长>t秒、播放完成度>x%的播放）为核心追求指标。那么，就让我们结合单双列下用户的操作方式，来拆解两种交互下有效播放数是如何构成的。

- 双列模式是"列表页→详情页"的双层结构。用户首先从列表页曝光的多张卡片中作出决策，点击进入某个内容详情页，再基于前几秒内容进行决策，决定继续播放还是返回到列

推荐连接万物

表页。

- 单列模式相当于移除了列表页的卡片筛选环节，将详情页直接前置，用户直接基于前几秒内容进行决策，决定继续播放还是切换到下一个内容。

由此，我们得到如下公式：

双列有效播放 =（列表曝光数 × 曝光点击率）× 详情页有效播放率

单列有效播放 = 上滑视频切换数量 × 有效播放率

对比两个公式不难发现，参数维度的差异在于：通过列表页带来的点击量与在直接播放下的上滑视频切换量。

如果我们是在同一个推荐系统下选择不同的交互样式，给用户提供的候选推荐内容序列是不变的。那么，究竟是双列的列表页点击量更高，还是单列的上滑切换量更高呢？

为了回答这个问题，我们进一步补充限定条件：用户的耐心是有限的，在每个时间单元 T 内，都需要完成一次有效播放，否则就会退出应用。假设在时间 T 内，单列模式下用户可以完成 N 次上滑切换的动作；双列模式下，用户可以浏览完 N 屏，每屏幕内有 4 个内容封面，那么：

- 双列：在时间 T 内，用户最多可以预览前 4N 个内容；
- 单列：在时间 T 内，用户最多可以预览前 N 个内容。

因为双列模式下用户能看到的候选集更多，从而更容易找到自己感兴趣的内容，留存下来。想要干掉列表页，从双列模式切换到单列模式，我们可能需要达到更高的点击效率，才可以保证相近的用户留存效果。

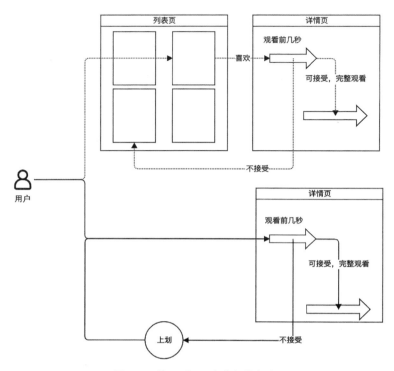

图2-15　单双列下用户的操作方式

既然从业务角度来看，双列模式的容错性显著高于单列模式，那么为啥还要费力不讨好地去尝试单列模式呢？还是让我们回归到用户的决策逻辑过程中：

- 在列表页，用户做的是选择题，会在候选集里挑选一个喜欢的内容，然后进入详情页；
- 在详情页，用户做的是判断题，如果觉得内容可接受，就会播放完毕。

而通过列表页让用户做选择题的情况下，我们经由业务实践观察到一个现象：曝光点击率提升到一定水平之后，再怎么优化都不涨了。

这一结果或许无关算法实现，更可能在于交互形态：只要你给出用户候选集，用户就一定不会每个都点击。即便你端上了满席的饕餮盛宴，用户仍然只会"优中选优"，每一屏里主动挑选几个内容消费。

为了验证这个假设，我们还曾做过这样一个实验。将用户在首屏未点击的内容，在N屏后重新曝光。明明是二次曝光的内容，却在位置靠后的屏幕里，得到了更高的点击率。可见，用户不见得是不喜欢这则内容，而是在有比较的情况下，更喜欢别的内容而已。

所以，我们可以结合图2-16来评估自己产品推荐出的内容集合处在哪种情况。

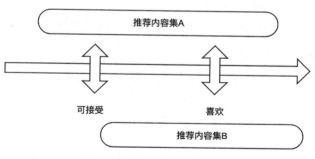

图2-16　推荐内容集评估参考

如果是内容集A，我们的推荐结果里有一部分内容是用户显著不接受的，那么列表页可能是一个安全的方式，让用户自主挑选出他喜欢的内容去消费。

如果是内容集B，那么推荐给用户的内容，大概率都是用户可接受的。这种情况下，就可以考虑通过单列的方式移除掉列表页，从而降低用户的选择成本，让用户被动地消费更多内容。虽然单列模式的容错率较小，但其可以触达更高的上限，实现更大的消费规模。

除了对推荐能力的要求，什么样的产品或内容适合使用单列模式呢？

一个切入点是从用户的可接受门槛来判断，如果某个领域的产品或内容，用户的可接受门槛相对较低，能够包容绝大多数的候选内容，这样的领域相对更适合使用单列的模式。

在内容领域，小视频、搞笑段子、图片等可能比较适合，长文、长视频可能不适合。

在电商领域，一些日用品、零食等高频低单价、轻决策的可能比较适合，电器、3C数码等高单价、重决策的可能不适合。

另一个切入点是从用户的使用场景来判断，即用户更多偏逛的心态，还是偏找的心态。如果偏逛，那么能够接受更多的时间损耗，不追求明确的效率指标，整体的包容度会提升很多；如果偏找，那么就把选择权还给用户，让用户自己来搜索或查找自己偏好的内容即可。这也就衍生出了一种观点：消费型内容适合单列，决策型内容适合双列。

当双列演变为单列之后，逐水草而居的内容创作者，其生态也会发生变化。

微观上，是创作包装技巧的改变。

在双列时代，我们会看到很多用户会精心包装封面，在封面上通过彩字的方式更醒目地将利益点暴露出来。到了单列时代，内容的前几秒就相当于双列的封面了，所以会发现很多视频剪辑方式呈现出一种倒叙的特点，先将重点或悬念抛出来，吸引住用户，然后再逐步推进和呈现内容。

宏观上，是创作者品牌度的改变。

在双列时代，创作者多少还可以借由封面告知用户我是谁，从而借由品牌影响力在一定程度上放大自己的点击规模；而到了单列时代，创作者的品牌影响力进一步让位给内容消费性，更容易出现只有内容没有作者的情况。

当双列演变为单列之后，平台的流量分发进一步集中化，平台意志能够得到更大的彰显。

一方面，是内容扶持角度。做平台运营的，不免要进行内容扶持、资源倾斜等非点击率最大化的操作。在双列时代，产品运营最头痛的就是内容扶持的资源损耗：你确实给对应内容保证了曝光量，但是一个又冷又新的内容，凭什么和高热内容同台竞技呢？从曝光量到播放量的损耗很大。而到了单列时代，我们只要将它插入可接受的用户的推荐序列里就行了，一步到位，保证了有效播放。

另一方面，是商业化推广角度。如果我们将商业化内容看作待扶持内容的一个特化，不难看出这种单列模式对于商业化推广的友好程度。在双列的交互里，我们常常强调商业内容的原生化，需要尽可能让商广原生化，用户才会愿意在列表页点击。而在单列的交互里，用户往往在不经意的下滑过程里，就已经开始了广告的浏览。

综上，在用户偏逛的消费且接受度较高的领域里，只要推荐系统水平大于一定的门槛，单列模式不仅能够放大消费规模，更能够提升平台流量分发的集中度，有效提升商业化变现能力，这或许就是单列干掉双列的原因所在。我们在产品迭代过程中，虽然难免"先抄后超"，但至少可以结合自身业务所处的领域和发展阶段进行分析，抄对对象、抄得明白，才有可能最终超得过去。

相关推荐：相关不相关？全靠文案掰

在今天的主流产品设计中，无论是在详情页还是关注页，我们都能够看到相关推荐模块的身影。该模块往往基于当前页面的主内容进行相似性、关联性拓展，试图引导用户在完成当下的消费行为后，做出进一步的拓展消费行为。

本质上，相关推荐模块是结合场景，对用户行为的一种即时性反馈。

从理想态来看，如果我们系统的反应足够迅速，可以做到结合用户的最新行为进行重新计算，得出的推荐结果大概率是全局最优的，从而可以不需要相关推荐模块。

但从实际状况来看，或是工程复杂度上做不到如此实时的反

图2-17　微博上的相关推荐模块

馈，或是业务收益上无须做到如此灵敏的反馈，都使得我们需要一个折中的解决方案，用一个成本不那么高的"离线+规则"系统来构建出相关推荐模块，从而获取增量收益。

基础策略

相关模块是基于当下场景中被点击的主内容进行拓展的。

那么场景是什么，当前页面的主内容A适合去关联哪些内容B，就是我们需要重点思考和研究的切入点。常见的有三种方式：

零策略，基于用户进行推荐。

这种最取巧的做法，直接忽略了主内容 A，只计算用户点击概率高的是什么内容。这种方式相当于把相关推荐的位置当作了一个简化的列表页入口，完全不考虑用户当下点击了什么内容，而是直接将预先计算出的结果在详情页中提供给用户。

基础策略，基于被推荐资源之间的相似性计算。

无论是基于静态的自然属性（文本、品类）或是基于动态的用户行为选择（协同特性），我们都能够离线得到一个内容A VS{内容B、内容C、内容D}的相似列表。当用户围绕内容A产生主动行为时，我们就可以认为用户可能会对相似列表中的其他内容感兴趣。

叠加策略，基于用户的场景、行为路径进行调整。

当我们的用户规模超过一定量级后，相关推荐也有了进一步细化的空间。我们可以代入用户的角色进行思考，即他是在什么样的场景下、路径下作出了点击的选择，我们的相关推荐模块也可以根据这个语境进行对应的调整。

比如，同样是在某款电冰箱商品详情页里，相关推荐的内容会因为用户的来源不同、行为不同而产生差异性：

• 用户是在搜索"电冰箱"的场景下进入详情页的，我们对于场景的理解是，用户还在一个大范围筛选决策的过程中，相关推荐可能应该推荐类似价位、类似配置的电冰箱；

• 用户是在某品牌店里进入详情页的，用户可能对品牌有预设或倾向性，相关推荐可能应该推荐同店内的类似电冰箱；

• 用户是从购物车里进入详情页的，相关推荐可能应该推荐在购物车里的其他冰箱或其他商品，目标导向是完成从购物车到下单的决策。

- 用户已经发生了购买行为，相关推荐可能应该推荐常和电冰箱有共同购买行为的商品，而不应该重复推荐其他品牌的电冰箱了。

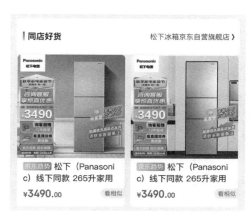

图2-18　京东自营旗舰店里的相关推荐页面

私域与公域边界的模糊化

在上述的策略里，我们提及了品牌店页面、作者主页等场景，一个可以进一步探讨的问题是，这些页面算是第三方自己所有的吗？

如果我们按照古典产品经理的思考方式，会认为一个店铺、作者专区是归属于店铺或作者本身所有的。

但事实上，在平台全局最优化的利益驱动下，私域的界限已经渐渐模糊，让渡给了公域。这表现在，你可能会在A店铺里商品A的相关推荐中，看到一个B店铺的同款但更便宜的商品B，甚至是C店铺的仿款商品C。如图2-19中，第一个商品的"同款"标签，就是给用户提供了不同店家、更便宜的同款商品。从平台交易额最大化的角度，这样全局的相关推荐大概率是最优的，只是这样真的是好的吗？当然，对错或许并无定论，只是一个古典产品经理的碎碎念罢了。

图2-19　第一个商品是不同店家、更便宜的同款商品

推荐理由

在确定了基础推荐策略后，剩下的就是包装了。

首先，插入一则剑桥大学心理学教授萨托·埃尔文的实验。在有许多学生排队等着使用打印机的场景下，教授让一个人走到队伍的前面，和大家沟通让自己先使用打印机。

措辞A："很抱歉，各位能让我先打印吗？我赶时间。"有大约六成的人允许这个人排到自己前面。

措辞B："很抱歉，能让我先来吗？因为我需要打印好几份文件，这些文件急着要用。"有九成以上的人都同意让这个人先打印。

措辞B里，"因为"一词的引入，如神迹般提升了通过率。这个词触发了受众的潜意识，使对方相信你的做法事出有因，而非无的放矢。即便这个理由实际上很弱、站不住脚，仍然会让绝大多数人条件反射般地同意了。

给出一个"因为"以提升点击率的方法，在相关推荐的模块里一样成立：

无论你是通过什么逻辑组织出的相关推荐内容，都可以找一个看似合理的理由包装起来。同样的数据集合，不同的包装推荐理由，就会带来不同的点击效果。

可以是热门，可以是很多人也在买，可以是相似商品，甚至是一句不知所谓的推介。比如，微信公众号使用的是"喜欢此内容的人还喜欢"，淘宝使用的是"看了又看"，微信读书使用的是"书籍推荐"，QQ音乐使用的是"相关歌曲""相关歌单"。

很多产品会在相关推荐的位置进行主题的包装和推荐，如书单、歌单、影单、榜单等，对于"逛"性质的消费行为，这种方式往往更为有效。

只要给出一个"因为"，就能提升用户行为。

拆解推送：拉得来人、留得住客

消息推送是产品服务面向用户移动设备进行的主动消息提

醒，用户可以在锁定屏幕或通知栏看到对应的推送消息，通过点击可以直接唤起应用，并进入应用内的对应页面。

在今天，推送已经成为贡献应用日活最为主要的产品运营手段。

一个公式：推送活跃拆解

首先，我们可以构建推送服务的基础公式：

推送带来的UV量=推送覆盖的UV量×[1-(1-推送点击率)^{推送条数}]

我们通过假设一个场景来说明各个参数的含义。如果某日，推送共覆盖了100万名用户，每人发送5条推送消息，每条推送的点击率预估是1%，那么：

- 累计发5条推送，用户都不点的概率是：

  (1-推送点击率)^{推送条数}=(1-0.01)^5≈0.95

- 从UV角度看，用户当日点击推送的概率是：

  1-(1-推送点击率)^{推送条数}=1-0.95=0.05

- 最终，通过点击消息推送进入应用的活跃UV量是：

推送覆盖的UV量×[1-(1-推送点击率)^{推送条数}]=100万×0.05=5万

为了最大化地发挥推送对于拉动产品活跃度的作用，我们就需要结合上述公式，分别优化各个变量。

推送覆盖UV量：有得发、发得出、收得到

目标设定：

如表2-2，从推送覆盖的角度出发，我们会按照用户的新老属

推荐连接万物

性和活跃度进行分组（新用户、日活、周活、月活），对每个分组分别追求推送的发送覆盖率，尽可能让推送触达每一个用户。

表 2-2　按照新老属性和活跃度对用户分组

新用户	老用户		
	日活	周活	月活

有得发：

算法层面需要结合用户的静态、动态画像进行待推送内容的计算，并以全局高热的内容作为兜底，从而能够给不同用户都计算出可以推、值得推的信息，实现推送信息的全面覆盖（货源的充足）。

发得出：

我们计算出的推送内容是通过手机厂商的通路来触达用户的。

以小米的推送流程为例，开发者需要在应用中接入小米的推送SDK，将自己想要推送的消息发送到小米的远端服务器，再由小米服务将消息下发到各个手机设备上。

图2-20　小米的推送流程

国内安卓手机厂商，几乎每家都有自己的推送规范和推送通道。所以我们在工程上需要围绕不同手机厂商的推送通道进行针对性的SDK打包和优化，从而保证推送信息能够及时有效发出（物流的完备）。

收得到：

尽管我们准备了大量的可推送内容，并围绕不同厂商做了针对性的推送SDK包装和优化，但是用户能不能收到推送还取决于两方面因素。其一，用户是否打开了推送开关；其二，厂商平台对于服务的推送上限和单个用户可接收推送的上限。

围绕用户打开推送开关方面，我们需要尽可能在产品的主路径中，找到恰当的场景以引导用户打开推送开关。比如，打开推送以收到订单及时提醒；打开推送以收到关注的作者的最新更新等。

而在手机厂商限制方面，厂商会设定各自的推送管制逻辑。产品运营人员需要提前了解这些限制，才能够合理安排推送内容，提升发送效率。

安卓手机厂商提供推送通道，固然提升了推送的到达率，但也因为其管制，推送服务有了更多的发送限制。产品运营需要提前了解这些限制，才能够提升发送的效率。同样以小米为例，小米推送将推送消息划分为重要和普通两个级别：对普通消息，如热点新闻、平台公告等用户普适性内容，每日是有发送限额的；而只有即时通信、订单追踪等8个消息类别，才会允许不限数量地发送。

尽管从发送的角度，我们可以借由算法和工程覆盖每一个用户。但是从收的角度，如果用户关闭了推送，势必会影响能够接收到推送的用户规模。

一方面，需要给用户打开推送开关的理由，从而引导用户接收推送信息。通常，我们会使用与用户切身相关的理由来引导用户打开推送。

另一方面，需要控制我们发送的内容或频率，不要引起用户反感，从而出现不推送没影响，一推送就提醒用户关闭推送或卸载应用的情况发生。

推送条数：没有绝对的上限值，只有参考和经验值

理论上，只要我们的推送条数不把用户骚扰到关闭推送、卸载应用，推送是多多益善的。在具体的发送方式上，会有如下可以注意的切入点：

提高可发送上限：如前所述，各个手机厂商都强化了推送的管理，对于营销类的消息有上限的控制。为了既提升推送条数，又避免被厂商管控，我们通常会加强产品内部相关"重要消息"的建设，通过引导用户更多地订阅、关注、互动，使得应用能够名正言顺地发送更多推送消息。

控制重复推送条数：因为推送的目的是召回用户，所以，从这一角度出发，如果当日用户已经比较活跃了（主动打开应用，或被推送召回），我们可以不再对同一用户进行推送。

控制推送发送密度：尽管我们可以通过"重要消息"的渠道向用户推送信息。但是，可能除了微信、钉钉等少数即时通信软件，用户对于短期高密度的推送还是会有抵触的情绪。所以，对

于绝大多数的应用服务来说，需要避免两件事情：其一，短期高密度的推送；其二，在传统的用户睡眠时间段的推送。可以通过将批量消息打包后提醒的方式，将用户需要关注的消息以组合的方式进行发送。

经验值上，每个应用的非重要消息，一般建议控制在5—10条。

推送点击率：引入算法，需要基于个体偏好给出更好的解决方案

通过引入推荐算法，我们可以进一步提升推送的打开率。我们可以从如下的角度进行切入和迭代。

用户打开的时间偏好：

日期：工作日与休息日的区分。对于绝大多数用户来说，遵循的是比较传统的工作和休息日切换的状态，因此，不同的日期对于推送内容的偏好是不一样的。以天气软件为例，工作日往往更适合从穿衣指数、是否携带雨具等角度做出提醒；而节假日前夕往往更适合推送周边景区天气或旅游景点天气等相关内容的运营活动等。需要注意的是，这里的日期指的是工作日和休息日的区分，需要相对精细地结合国家的休假日历进行统计和安排。

时段：一天当中的不同时段区分。用户偏好的打开时间是不一样的，我们从统计数据上看到大多数用户的应用打开时间节点有：早上在上班的途中、午休时间段、晚餐时间段和深夜睡前时间段。基于用户的历史打开时间分布，在预估用户有空的时间进

行推送，能够有效地提升用户的应用打开率。

推送列表的点击导向排序：

对于使用混推列表的应用而言，如果列表里的内容是严格按照点击率预估排列的话，那么直接将列表的第一条信息推送给用户就是最简单的做法。但是就更多复合型服务来说，其推荐列表很可能是多目标的，在这种情况下，就需要围绕推送单独制定目标，以点击（打开）为导向。

以电商为例，其商品推荐列表的排序往往是成交导向的，列表页会推荐更多用户可能购买的商品。但在推送场景里，我们首先追求的是召回用户，只有用户先打开应用，才有可能有后续的购买转化。在这种情况下，电商的推送队列就需要与推荐队列有差异，以点击率为导向，给用户推荐新奇的商品来提升点击率。

推送包装的样式选择：

如同列表页进行推荐，我们会尝试样式模板、配图、标签的选择；在今天绝大多数的机型都支持不同推送样式的情况下，我们通过选择包装样式，也能够获得增量的收益。什么样的内容适合用大图来推送，什么样的样式适合用小图配文字的方式来推送，都是算法可以选择的切入点。

如图 2-21，小米推送除了标准样式，还支持小米推送大文本样式和大图样式，并在推送中支持按钮的呈现。

特定场景下的时效性需求：

不同的内容类型有不同的时效性需求。如果是长时效性内容，比如更新的文章、视频，用户可能没有强烈的要及时收到的需求。但是对于特定的球赛赛事、新闻事件来说，推送的时效性要求很高，推得越早用户就越可能打开你的内容进行查看。一旦推送得晚了，新闻变旧闻，用户很可能已经通过其他途径看到了，自然丧失了点击的动力。

在这种情况下，需要算法区分出内容的时效性属性，才能够更及时、精准地满足用户需求，提供用户感兴趣的内容。在实践中，各个应用都有专门的指标监控推送内容的时效性。甚至还会出现新闻事件的抢跑报道。

在明确了算法可以做功的各个环节后，我们对于大体量的非即时性消息，可以通过AB实验的方式迭代。通过对目标人群中

图2-21　小米的多种推送样式

　　　　　　　　　　　　　　　　　　　推荐连接万物

的小样本发送不同的样式+内容组合，确定转化效率最高的候选项，再进行全量的发布和推送。

二次思考：从活跃到有效活跃

在通常的业务认知里，推送往往只关注用户召回的规模。而伴随着我们对业务全貌的理解和把握，也进一步抛出了两个新问题：

其一，对用户而言，推送是一种豆腐块广告，尽量说人话、干人事。

除了少量用户主动订阅的"重要消息"，绝大多数的推送就像是我们塞给用户的广告。而且受限于手机操作系统的规定，推送是一种限定样式集合中的豆腐块广告。

既然明确了推送是一种广告，那么从广告的逻辑思考推送，能带给我们更多的启发：只有出发点找到和用户利益的相关点，包装上向用户表明利益，才能够更好地引导用户点击推送。

在实操过程当中，我们碰到的运营类推送最大的问题就是：不说人话、不干人事。

• 不说人话，只给用户专有名词，而不采用用户能理解的表述方式；

• 不干人事，只想让用户付出来满足业务目的，而不允诺用户好处。

同样的待推送内容，经由用户视角的二次文案包装或样式包装，在实践中都能够得到不错的点击率提升。

其二，对业务来说，推送追求的不仅是活跃，更是有效的活跃。

在实验过程中，很多业务都是长链条业务，用户的活跃仅仅是个开始。

以电商类服务为例，其业务的最终目标并不是用户活跃，而是由活跃带来的进一步加购、下单等行为。在一个割裂的组织结构里，经常出现"管杀不管埋"的情况，通过推送把人拉来之后就不管了，日活跃用户数（DAU）确实提升了，但仍然只停留在虚荣指标的层面，而没有给业务带来切实的贡献。

只有通过推送部门和业务部门共背指标、一体化考虑，我们才可以引入新的指标，搭建新的机制。

指标层面：

- 活跃＝人来了；
- 有效的活跃＝人来了、逛了、看了、买了。

进一步完善推送业务的衡量公式：

$$有效活跃UV量 = 覆盖UV量 \times [1 - (1 - UV点击率)^{推送条数}] \times 有效行为转化率$$

围绕有效行为转化率思考，我们可以进一步迭代产品设计。

推荐策略：

应该召回哪部分用户？比如，以电商业务为例，不同的用户本身是不同质的，拉回来一个高频、高额消费的用户显然比拉回来一个低频、低额消费的用户更重要。这使得我们会深挖不同类型用户的不同召回策略。

应该以什么样的内容来召回用户？不同类型的推送内容，其后续转化率不一样，可以结合后置的数据重新来衡量不同推送内容的价值。

功能层面：

虽然以赚吆喝的方式把人拉来了，推送的落地页是否有效地以赚收入的方式把人留住了？在实操过程当中，我们经常会发现点击率高的内容和后续转化好的内容往往不是同一类内容。这时，就可以进一步尝试将引流品和利润品通过产品交互的方式连接在一起，先让人进来，再发生后续的转化。

以某电商平台为例，每个月都会推送当月的会员免费礼。商品是免费的，但是需要 20 元的运费。为了免运费，同一页面下就会推荐相关的付费商品，从而促进引流品和利润品的共同下单。

如果说投放是我们用图文素材、文字素材把用户从应用市场里吸引过来；那么推送就是我们通过一条豆腐块广告，把用户从手机操作系统里吸引过来。吸引来用户只是第一步，而只有留得下来、赚得到钱，才是推送之于业务更重要的意义所在。

搜索与推荐：探索未知的不同方式

搜索与推荐的对立统一

无论是搜索还是推荐，都是用户探索未知世界的方式。深究下来，两者在用户意图层存在一定差异：

- 搜索是用户的主动表达，基于明确意图，即"知道我不知道"；
- 推荐是用户的被动消费，基于非明确意图，即"不知道我不知道"。

搜索和推荐就像是一把尺的两端，只有意图明确的程度差异，而没有严格的 0—1 界限。

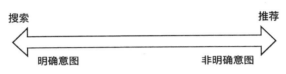

图2-22　搜索和推荐是一把尺的两端

从服务实现的角度来理解，搜索和推荐是可以互通的。我们可以将推荐服务理解为：用户基于自身画像创建了一个有权重差异性的查询请求（Query）集合，通过这个Query集合得到的搜索服务；我们也同样可以把搜索看作：用户只有一个兴趣标签的推荐服务。

这样，就更容易理解推荐服务和搜索服务的差异和统一。

单意图场景下的统一

在少数单意图场景下，搜索和推荐是高度类似的。

冷启动阶段，如果一个用户只选择了"网球"一个标签。那么，在这个场景下，用户的推荐列表和搜索列表应该是趋于一致的，都应该围绕"网球"这个关键词来组织内容。

在某种程度上，平台内特定的品类频道，应该与对应品类词检索结果保持一致。

以淘宝为例，当我们在分类中选择"儿童裤子"频道时，就直接跳转到了搜索结果页，将频道页和搜索页做了融合。

搜索结果的个性化迭代

传统的理解里，搜索是追求Query相关性的，推荐是追求结果个性化的。

但在今天，搜索服务早已不是千人一面，而是千人千面。在保证相关性的前提下，搜索服务会基于用户的过往点击行为进行

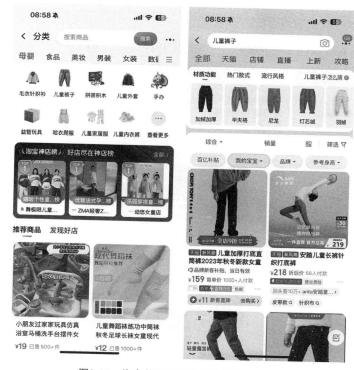

图2-23　淘宝将频道页和搜索页做了融合

结果的重排序。同一个Query下，不同的Query间，都有基于用户行为迭代和调优的空间。

在用户复搜的场景下，搜索结果有基于用户喜好的重排序空间。通过记录将用户上一次点击的内容、网址或服务适度前置，可以有效降低用户的筛选成本。比如，我们经常会在美团外卖里重复地搜"健康餐""米粉"等菜品词Query，这时，系统就会基于历史购买行为，将用户上一次选择的店铺前置。如图 2-24，第一家店铺就是笔者经常购买的店铺，虽然距离较远，但仍然排在了结果的首位。

图2-24　搜索结果基于用户喜好重新排序

此外，用户的历史消费行为也可以被作为特征，用于跨品类、跨Query的场景。比如，用户过往在鞋履上的消费较高，那么可以预估他对于服饰类能够承受的价格也相对较高；如果他过往偏好某一风格或品牌，那么当他进行其他品类的检索时，就可以优先展示对应的风格或品牌。一度在微博上火热的"淘宝搜索连衣裙查看客单价是否低于128"的例子，就是搜索基于用户消费水平进行个性化结果迭代的例证。

风中的厂长 V 🏅
2月24日 16:50
很多朋友不理解连衣裙客单价低于128的含义，其实答案很扎心。
这个消费区间的人群，被淘宝系统打上了低价人群的标签，经过分析各种行为后，做成了大数据。
低价群体中有较高比例的人，会投入更多时间在讨价还价，售后问题，退换返现上，这无形中增加了商家的运营成本。
简单来说就是穷人的时间不值钱，可以为了几块钱和你耗一天。
这样说我心里也很难受，但这是一个社会现实。
最后我想说，莫欺少年穷，我们努力提升自己的客单价吧 💪 收起全文 ︿

图2-25　一度在微博上火热的"淘宝搜索连衣裙查看客单价是否低于128"

用户意图的拓展和发现

在推荐场景下的探索，我们往往会基于兴趣点的关联性，消费A内容的用户有很大概率消费B内容，从而进行推荐的泛化。而在搜索场景下，我们则需要在限定搜索词的角度进行关联搜索词的推荐，以引导用户进行发现和探索。

以百度为例，为了进一步拓展和发现，将页面划分为两部分：结果列表中，以"相关搜索"的方式拓展基于Query的推荐，另一部分则更多地用于发现和推荐，可以展示实体词等更多内容（如图2-26中"相关术语"部分）。

相关搜索

抖音推荐算法

人工智能常见算法简介

除了推荐算法还有哪几大类

算法推荐是什么意思

算法的危害

推荐算法应用场景

推荐系统常用算法

知识推荐算法

算法推荐的例子

推荐算法有什么用

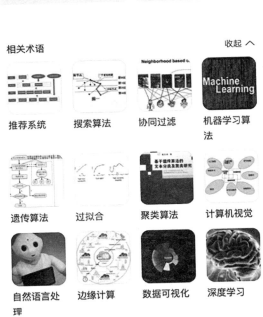

相关术语　　　　　　　　　　　　　　　　　　收起 ∧

推荐系统　　搜索算法　　协同过滤　　机器学习算法

遗传算法　　过拟合　　聚类算法　　计算机视觉

自然语言处理　　边缘计算　　数据可视化　　深度学习

图2-26　百度将页面划分为"相关搜索"和"相关术语"

推荐连接万物

搜索和推荐的相互反哺

想要做好推荐，我们需要不断收集用户的行为、猜度用户的偏好。搜索作为用户重要的主动表达行为，有效传递了用户的短期兴趣点。

当用户搜索一个全新的关键词时，这个关键词就会被作为时效性特征，加入用户的画像当中，从而影响用户的推荐列表。伴随着时间的流逝，用户的兴趣逐渐变淡，在对应关键词下的行为也会渐渐稀疏，从而使得推荐列表中的相关内容逐步减少。

比如，在小红书中搜索一个关键词，那么这个行为就会很快地反映到你的推荐列表中。而伴随着对新兴趣点的点击量下降，相应内容的占比也会逐步降低。如图 2-27，左侧是笔者原始的小红书列表；右侧是在笔者搜索了"美妆"关键词后，小红书的列表变化。

此外，通过记录用户在特定品类下的搜索行为，我们也能够进一步积累用户在不同类别下的偏好差异。同样以"美妆"为例，用户在搜索完"美妆"之后，又更换了什么搜索词来细化需求？有哪些和"美妆"相关的高频出现的搜索词，如品牌、细分品类？这些词，是否能够进一步应用到推荐的细分品类和用户的筛选过程中呢？

反之，用户在推荐列表里的行为也会影响到搜索的结果排列，前面提到的淘宝搜连衣裙就是一例。用户的关注关系也是常被使用的特征，搜索结果会优先展示用户关注账号所发布的内容。

推荐应用范围大于搜索

如果一定要在搜索和推荐中做一个PK，那么今天各家搜索引擎应用的首屏已经充分证明：推荐是更为主流的产品方案。

用户永远是懒的，永远不清楚自己想要什么，这就使得搜索功能大概率是少数人使用的高门槛操作，长尾检索词的优化对于一个大体量应用来说，大概率只是锦上添花，绝非雪中送炭。

图2-27　搜索词会作为时效性特征影响用户的推荐列表

对于绝大多数的应用来说，打磨好推荐功能，覆盖好泛化品类词的推荐，就已经能够覆盖大规模用户的主要场景了。

搜索功能相关的推荐应用

除了在搜索结果列表中应用个性化排序，搜索功能在和整体应用服务的结合过程中，也会有很多可以应用推荐算法的场景。

搜索预置词：

当用户打开应用时，往往会在页面顶部看到搜索框。

搜索框内预先设定好的关键词（搜索预置词或底纹词），就承担起基于个性化引导用户使用搜索功能的作用。这里的一句话文案，既要起到引导用户点击的作用，也要起到串联搜索功能的作用。

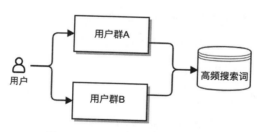

图2-28　分画像进行搜索词统计

最常见的处理方式是展示出用户群相关的高频搜索词。结合业务形态，离线对人群进行粗维度的划分，基于不同的人群聚类分别统计搜索词的频率，从而得出候选集合。当用户打开应用时，基于用户所属的人群聚类进行展示或轮播展示。

需要注意的是，因为业务形态的不同，很多业务场景下并不适合做全局的搜索词统计。比如，旅游类、外卖类应用，需要结合用户的地理位置进行搜索词的统计和推荐；服饰类电商应用，需要结合用户的性别进行推荐。

图2-29　结合用户的地理位置进行搜索词的统计和推荐

除了使用群体高频搜索词以拓展用户的发现诉求，还可以基于用户的历史行为、复搜行为进行搜索词的推荐，如：

- 按天频次推荐"天气"等服务；
- 按月频次推荐"水费""电费""话费"等服务；
- 用户曾经浏览但未下单购买的，可以重复推荐关键词，如"北京到三亚机票"。

搜索中间页的推荐：

当点击搜索框之后，就进入了搜索中间页。

在页面中，除了历史搜索，通常会同时提供搜索发现和搜索热榜的功能，通过这两种业务形态为用户提供进一步发现内容和服务的可能。

搜索发现，往往和搜索预置词的逻辑保持一致。

因为页面空间更大，从而可以提供一个更完整的候选词集合。并往往通过角标的方式来提升候选集中不同关键词的差异性，从而提升用户点击概率。当用户点击后，便跳转到对应的搜索结果列表。

搜索热榜，多采用榜单的交互样式，为用户推荐热门的资讯、作者等。当用户点击后，可以直接进入对应的内容详情页或商品详情页。某种角度下，热搜结果就像是另一个维度的推荐列表，能够给用户提供探索和发现的空间。

详情页的搜索跳转：

除了在应用的主界面留出搜索的入口，很多应用在商品详情页或内容详情页中，基于对页面中的关键词识别，给出用户更为

图2-30　搜索中间页的推荐结果给用户提供更多探索空间

场景化的检索词入口。

其实现逻辑为：首先会将详情页面的内容进行分词，将分词结果和全局的高频搜索进行关联，筛选出可以高亮的关键词。然后，在控制频次的基础上，选取其中部分进行高亮引导，从而在详情页面里激发用户发起搜索需求。

无论是预置词，还是搜索发现或详情页中的搜索跳转，本质上都是为了扩大搜索服务的功能渗透率。我们需要以始为终，首先保证搜索词有好的检索效果，再引导用户进行搜索。套用AARRR模型，只有给用户更好的体验承接，才能够保证用户对功能的满意度。毕竟，我们并不需要把用户骗过来使用搜索功能，而是希望用户通过满意的搜索服务体验后，能够持续稳定地复用搜索功能。

搜索结果的相关性放宽

以上的讨论，更多的还是基于搜索功能来展开的：通过预置搜索词，给搜索带来更大的渗透率和功能使用量；通过个性化搜索结果，来提升搜索结果的点击率和后续业务转化率。

但如果我们再升维去思考呢？搜索如果作为一个面向用户的触点，我们如何能够利用好这个触点，实现业务转化的最大化呢？似乎，搜索的相关性就成了一个可以被放宽的标准。

首先，在搜索结果空短的情况下（没有足够多相关性高的结果），我们可以引用推荐的结果作为兜底展示，使得列表不为空，更好地利用屏幕展示空间。

其次，搜索结果后几页的结果融合。考虑到搜索页的转化效率，第二页、第三页的结果往往不会有很好的点击或消费规模（比如，电商场景下，用户在后几页的转化率往往不如前几页的高），那么我们是否可以对这些位置放宽"准"的要求，将其视作相关推荐的位置，给用户推荐更多与人相关，而非与Query相关的结果呢？很多电商场景都做出了相关的尝试，并收获了商品交易总额（GMV）的提升。

当搜索、推荐遇到大模型

今天，大模型的涌现大大提升了系统对于自然语言表达"听得懂"和"说得出"的能力。如何将大模型与搜索、推荐结合？笔记个人认知的切入点集中在"一进一出"。

进，代表用户对服务的输入，应用了大模型"听得懂"的能力。

如果说搜索还依赖于用户有一定的提炼关键词的能力的话，大模型进一步降低了输入门槛，让用户可以使用更直白的表达。由大模型负责理解用户想要什么，并将其"翻译"成可以传递给业务系统的内部表达。当系统给出了初步结果之后，还可以通过多轮对话实现对已有结果的二次校准和迭代，而不是一次全新的检索。

出，代表服务对用户的输出，应用了大模型"说得出"的能力。

过往的搜索引擎因为商业模式和能力的限制，提供的更多是半成品，交付给用户一系列相关性比较高的链接，让用户进一步探索、归纳和总结。

而大模型可以在搜索、推荐列表的基础上，进行总结和凝练，从而直接给用户提供解决方案，进一步节约用户的时间。如果用户感兴趣，再自行拓展阅读相关链接。在某种意义上，过往的阿拉丁结果（如搜索天气直接给出天气预报的卡片）就是一种解决方案前置的实现方式，只是大模型使得这个能力大大扩展了。

举例而言，我们想了解搜索和推荐的差别，过往的使用方式是：

- 检索关键字组合："搜索　推荐　异同"；
- 获得结果列表，通过访问各个链接建立理解和概念，了解到搜索和推荐的基础差别；
- 更新检索关键字："搜索　推荐　例子"；
- 获得全新的结果列表，访问各个链接，了解相关的应用场景，补充自己的认知。

但是应用了大模型加持的搜索后，新的使用方式可以是：

- 输入意图："请问搜索和推荐有什么异同，并举一些相关的例子"；
- 获得结果摘要，这个摘要是系统对相关页面内容的总结，同时包含了两者的异同和典型的案例。我们可以通过阅读摘要文本快速建立认知，并选择打开相关链接进行扩展信息的阅读；
- 基于已有结果，可以进一步追问："围绕音乐场景的推荐应用，展开说说"；

请问 搜索和推荐有什么异同，并举一些相关例子

💗 喜欢

ılı 参考

| 搜索系统和推荐系统的对… 知乎·1 | 搜索与推荐那些事儿-腾讯… 腾讯云·2 | 实例拆解搜索中的相关性… 我是产品经理·3 | 浅浅谈搜索与推荐引擎 – 知… 知乎·4 |
| 推荐系统和搜索引擎的关… 腾讯云·5 | 谈谈"推荐系统"和"搜索… CSDN·6 | 浅浅谈搜索与推荐引擎 – … 知乎·7 | 推荐系统和搜索引擎的关系_… InfoQ·8 |

💬 回答

搜索和推荐是信息获取的两种主要方式，它们在目标、输入输出和个性化程度等方面存在一些异同。

1. 目标和场景需求：

- 搜索是一种主动行为，用户提供明确的查询意图，通过输入关键词或描述来获取相关信息 ④。搜索适用于用户有明确需求、希望获取特定信息的场景，如在搜索引擎中输入问题进行查询。
- 推荐是一种被动行为，系统根据用户的历史行为、兴趣和偏好等信息，自动推荐可能感兴趣的内容 ②。推荐适用于用户在浏览、闲逛的过程中，希望发现新的、个性化的内容的场景，如社交媒体平台上的推荐内容。

2. 输入输出和个性化程度：

- 搜索的输入是用户提供的查询词或描述，输出是与查询相关的结果列表。搜索系统更注重相关性，根据用户查询和文档的相关度进行排序，以提供与用户需求匹配的结果 ②。
- 推荐的输入是用户的历史行为、兴趣和偏好等信息，输出是根据这些信息推荐的个性化内容列表。推荐系统更注重个性化，根据用户的特征和行为进行推荐，以满足用户的个性化需求 ②。

3. 例子：

- 搜索的例子包括在搜索引擎中输入关键词进行查询、在电商平台上使用搜索功能查找商品等 ②。
- 推荐的例子包括社交媒体平台上的个性化推荐内容、音乐、电影和图书推荐等 ②。

综上所述，搜索和推荐在目标、输入输出和个性化程度等方面存在一些异同。搜索适用于用户有明确需求、希望获取特定信息的场景，而推荐适用于用户在浏览、闲逛的过程中，希望发现新的、个性化的内容的场景。搜索更注重相关性，推荐更注重个性化。例如，在搜索引擎中输入关键词进行查询是搜索的例子，而社交媒体平台上的个性化推荐内容是推荐的例子 ②。

👍 👎 📋

🔄 重答

还有什么问题想在这个话题下讨论，打开脑洞继续追问

⚪ Copilot ↑

图2-31 天工搜索：搜索+大模型的案例

- 获得新的结果摘要，延续并迭代过往的内容。

如图 2-31，展示的是天工搜索的案例，通过页面下方的对话框，我们实现了和搜索引擎的对话，一步步探究自己更感兴趣的内容。

当然，术业有专攻。推荐和搜索无法相互替代，大模型亦无法取代搜索和推荐。是大模型挂载了搜索的插件，还是搜索应用大模型后能力增强，这只是技术选型上的差异。对于产品运营人员而言，了解不同的工具能做什么，从而降低服务的使用门槛，提供更好的服务体验，才是在多能力融合的场景下最为重要的认知。

关注分发：机器推荐为何还需要关注

当我们站在当下回看各种信息流的产品设计时，会发现一个有趣的现象：一方面，以推荐著称的抖音在不遗余力地推进关注关系，另一方面，以关注起家的快手、微博则将机器推荐放在了应用的首页。曾经剑拔弩张的机器分发派和关系分发派似乎正逐步走向融合，问题由此产生：不是号称机器推荐是最优解吗？那么为什么还需要关注？

我们或许可以分别从系统推荐效率、用户预期管理的角度来尝试回答这一问题。

关注作为一种强意图的正向行为，能够优化推荐效率

机器推荐极度依赖用户数据的规模和质量，只有更好、更多的行为数据才有可能带来更好的推荐效果。所以，在日常工作中，产品运营有很大一部分工作是在尽力刻画什么样的行为是好的、无偏差的。比如，我们给高完播率的行为加权，给快速跳出的行为降权，本身就是试图通过对行为的刻画，来优化推荐的效果。

关注行为是一种强意图的正向行为，其权重系数或许应该比阅读、点赞更高，因为关注行为代表了用户对于特定的服务商（作者、商家）的品牌价值认可。

从衡量内容的角度来看：

首先，关注行为可以用来衡量文章质量。一篇能够引发读者关注的内容，直观上质量更高。

其次，关注行为给系统增加了同类推荐的理由。我们通常会在用户关注作者A之后，推荐作者A历史发布的内容或类似的作者。

最后，关注行为还可以用来衡量作者。我们通过转粉率、粉丝阅读率等指标，可以从数据的角度衡量出一个作者的产出是否持续且稳定。对于推荐系统来说，一个垂直的、能够持续取悦其粉丝群体的作者，才是更优质的作者。对此，一个应用场景是：某基于关注关系的平台，会首先将内容尝试推荐给10%的粉丝。如果粉丝的点击率高于均值，再面向非粉丝人群扩散，否则就只

将内容在粉丝的范围里传播。

从用户生命周期的角度来看：

在新用户冷启动阶段，我们还没有足够的时间，让用户积累足够多的消费、点赞、评论行为，关注是一种有效的手段。而在新用户渐渐成长为老用户后，关注的价值就逐步变弱，成为用户诸多正向行为中的一环。

以微博为例，通过对新用户和回流用户展示兴趣选择页面，引导用户快速地选择兴趣一级分类，实现了更好的冷启动效果。

关注作为一种用户主动选择，能够给用户以稳定预期

信息流推荐是一个预期不稳定的场景，用户持续地刷新消费内容，但下一次出现的内容可能是娱乐、体育视频，也可能是社会、财经报道等。

我们固然可以用"预期不稳定带来多巴胺"来解释这种信息流的状态。但是，从需求分析的角度来看，仍然有部分用户需要一个有稳定预期的场景，而关注频道就是这样一个场景。在关注频道里，用户知道频道里的内容是产自限定候选集合的（微博的订阅号列表），部分用户甚至会主动搜索和查找特定发布者的内容。

在理想状态下，用户的自知自觉带来高质量的关注，即他们明确地了解关注是怎么一回事，知道关注后去哪里消费，了解关注频道会因为其关注行为变成什么样子。一个高质量的关注列

表，本身就类似一个信息聚合（RSS）阅读清单，用户能够从中快速阅览自己感兴趣的内容。

然而，理想丰满，现实骨感。在实操中，我们会发现两方面的问题：

一方面，用户对于关注行为并没有我们想得那么严肃，很多人对于关注没有太强的认知，关注使用得和点赞一样普遍，关注列表基本上是一个只增不减的列表。另一方面，作者或商家本身也会出于利益的因素，使用各种手段引导用户关注。在引导用户关注后，也会通过批量发布内容、发布广告的方式来刷屏或变现。

这两种因素共同作用，使得部分用户的关注频道内容不断膨胀，频道内的内容不再具有消费价值或互动价值，进而影响关注频道的留存。我们假设一种极端情况，如果一个用户关注了500+个发布者，每个发布者都保持日更的状态，那么从推荐的角度来看，他的关注列表可能和推荐列表也差不了太多。

以关注关系为核心的Facebook，其最初的排序方式，被称为边际排名算法（Edge Rank Algorithm）。算法的核心计算公式为：

$$E = u \times w \times d$$

- u：用户与内容发布者之间的亲密度分数，互动越高的关系分数越高；

- w：不同反馈动作具有不同的权重，如展示、评论、点赞等。评论动作的权重就会显著高于点赞运作；

- d：基于时间的衰减，越新的内容权重越高。

从上面的公式不难看出，亲密度和用户动作的引入，极大地抑制了大V和营销号刷屏的情况。此前，企业账号一旦获得了粉丝就相当于获得了稳定的广告位，所有新广告以几乎零成本的形式展现在这些粉丝的信息流中。但此后，没有互动的粉丝就只是停留在页面上的一个数字而已。企业账号在获取粉丝之后，必须下力气来维护自己的粉丝群体。

在随后的日子里，Facebook致力于借由机器学习的方式改进排序算法，在边际排名算法最初的三个因素的基础上，不断追加新的特征和排序方式，如Story Bumping（系统对用户错过的信息进行二次判断，如果判断为重要，则会跳过时间逆序进行置顶展示），Last Actor（系统根据用户最近频繁互动的50人，进行信息排序的调权，放大短期兴趣的影响），等等。

为了保证关注频道的体验不至于太差，我们的产品设计中需要引入规则干预或机器推荐对关注频道进行优化处理，一方面适度地打破时间逆序，引入推荐顺序，另一方面对于同一发布者的内容进行折叠，从而对过载的信息进行降噪。如图2-32，就是知乎的关注频道对关注用户的互动行为进行了部分的折叠操作。

过往，人们往往将关注分发和推荐分发进行对立。但随着推荐算法应用的逐渐普及，大家已经能够逐渐形成一种共识：推荐分发是可以和关注分发包容和统一的。

一方面，关注构成了召回策略和提权规则，当关注内容的提权系数设定为无限大时，机器推荐就等于关注分发。另一方面，

关注 🔍 🔔⑩

时间排序 筛选 ∨

辩手李慕阳 3分钟前 · 赞同了文章

天将降大任于"斯"人也，是何时开始错的

一小时爸爸：不知道大家有没有看
到最近网络上的一个热门话题，那
就是"天将降大任于"什么人呢？...

81 赞同 · 38 评论

查看余下2条 ∨

图2-32　知乎的关注频道对关注用户的互动行为进行了折叠操作

如果一个用户订阅了平台所能够提供的所有内容源，关注分发也就等于机器推荐。

如果我们化简算法推荐过程，将推荐的因素收敛到关注因素和模型因素，那么一个内容在系统中的得分可以表示为下列公式：

$$内容得分 = a \times 关注因素 + b \times 模型因素$$

如果我们把某个因素的权重设置为1，其他因素的权重设置为0，那么算法分发就能够等同于关注分发。

在这个公式中，各种权重的调节完全是由平台的价值感导向所决定的。Facebook认为来自真实好友关系的生活记录内容更重要，在分发过程中就会加强真实好友生活记录内容的权重，而弱化他们转发内容的权重，并进一步弱化媒体所发布内容的权重。

所以，还是那句老话："推荐是个筐，啥都能往里装。"关注作为用户行为的一种，自然也不例外。

推荐的场景化表达

晨，一朋友和我抱怨："能不能和某音乐App的产品说说……不要只根据我在睡前听的音乐来推荐……我早晨跑步的时候发现，推荐歌单整个被淹没，听着跑步都迈不开腿了。"

我接过手机一看，笑喷：从海浪声声、雨声阵阵的白噪声到深邃悠扬的钢琴曲，再到绵长温婉的催眠曲，各路助眠音乐无所不包，分明是不想让人清醒的节奏。

我道："春困秋乏夏打盹，睡不醒的冬三九。这不是人家音乐App体谅你辛苦，想让你多睡一会儿……"

被翻白眼。

不过，玩笑归玩笑。音乐App之所以出现这个问题，其实是推荐过程当中经常碰到的问题：场景化。

场景化是什么？

请分别在早晨、中午、下午、傍晚和深夜打开美团外卖。

你能够看到在不同时段，首屏的商品推荐信息是不一样的：从豆浆肉包到减肥餐，到下午茶，再到小龙虾，不一而足。不同时间段的推荐内容，结合了不同时段的消费特点，对早餐、午餐、下午茶、夜宵分别进行推介。

同样，你也可以试着开启滴滴或高德的推送。它会在不同的时间点提醒你：该上班了，该下班了，你是不是下班前还要去锻炼呢？

如果你出门在外的话，别忘了在旅游地打开大众点评。你会发现软件自动切换成"旅游模式"，推荐的内容都是以"必须打卡的美食、必须打开的美景"做题，活脱脱一副《孤独星球》的模样。

结合用户的时空特点，对产品进行定制化的推荐。

这，就是场景化。

为什么要做场景化的推荐策略？

人不能脱离环境而存在，人的需求会随环境的变化而发生变迁。这种变迁就带来了产品功能的迭代空间——基于场景定制不同的功能和策略。推荐服务于产品，是为了提升效率而存在的。如果产品需要细化场景来服务用户，推荐自然也需要进行场景化以提升场景的契合度。

我们做推荐测试，往往只关心全局的统计数据，而在粗颗粒度之下，那些相对小众的特殊需求，往往会被统计指标所忽略和漠视。

当产品的基础盘稳定之后，业务增量的收益往往来自那些细颗粒度下的差异化需求。只有细化场景、细化人群，才能够让不同的用户都可以借由推荐的力量，解锁同一款产品不同的使用模式。

仅以最简单的手机闹钟功能为例，就可以抛一个问题：闹钟常见的设置模式是按照周几来设定，比如工作闹钟都设定为周一到周五，但是这样的"工作日"闹钟设置，真的合适吗？显然有更加精细化迭代的空间：国家规定的法定节假日和调休日，就是结合用户场景后需要做出的优化。

如何发现场景？

我们需要对用户进行不同维度的划分。

如俞军老师所说，用户不是人，而是需求的合集。我们可以结合自己产品的特点进行不同维度的划分（如时空维度，用户的性别、年龄属性等），以此来得到针对性的处理方案。

以音乐App为例，如果我们将用户群体做时间、空间的早晚划分，或许就能够得到不同细分场景下用户需求的差异化：

- 一个在早高峰堵在四环上的用户可能需要快节奏的DJ乐曲；
- 而同样的用户在夜深人静的家里可能需要催眠乐曲的慰藉。

表 2-3　　细分场景下用户需求的差异化

	户外	家
工作日早	上班通勤	唤醒
工作日晚	下班通勤	助眠

我们唯有将全局的统计数据细分到不同的时空子集之后，才能够看到那些被全局大数据掩盖的小场景。额外补充一句，在出海背景下，服务端做时间推荐的时候，请务必考虑当地时区。曾经有某个出海产品收到大量用户投诉，每天上班时间推荐奇奇怪怪的内容，经查，推荐算法默认选取了北京时间……于是，让无数海外的用户在大白天进入了"午夜电台模式"。

是否满足场景？

我们需要对需求进行进一步的校验和最小可行产品（MVP）实验。

在找到了用户的不同场景之后，我们需要进一步决定的是，是否需要以产品来承载对应的场景。尽管用户总是对的，但并不是用户的每一个需求都需要被优先满足。

首先，通过数据的客观呈现和共情的主观体会，产品经理可以理解用户在特定时空下的需求，并确定这个需求是真实存在的。接下来，我们需要客观地评估，基于产品的收益公式来确定这个需求对当前业务来说是否够大、够痛，是否亟须解决，从而让具体的场景在我们的需求列表中找到自己合适的位置。

$$收益 = 影响面 \times 影响程度$$

对于音乐App这个例子，通过时空维度的划分，我们可以定义出一个"助眠"的细分场景。那么，有多少用户需要这个场景呢？我们是否能够满足呢？

在产品内部，我们可以通过观察检索量、历史播放量来找到主动表达了需求的用户群，从而确定影响面的下限；在产品外部，我们可以通过行研报告、竞品DAU（如小睡眠）来估算影响面的上限。

在资源层面，我们以白噪声、催眠曲为种子，基于协同算法来拓展出一批适合助眠的乐曲。在分发层面，我们可以尝试在深夜对打开App的用户进行定向的歌单插入，以此，我们能够通过MVP的方式来验证需求是否成立。

当需求确实成立以后，就可以划分出这个具体的场景，从人为规则驱动变为算法驱动，从而进行更有针对性的个性化优化。比如，有的人偏好白噪声，有的人偏好轻音乐，有的人有歌单重复收听的诉求等。

如何深耕场景？

除了基于时空特点、人群特点等物理世界的划分维度，在我们的产品中同样存在着虚拟空间的场景。我们不妨把产品想象成一个大的博物馆，那么不同的子频道就像是不同的展厅，需要有不同的布展方式，给用户提供不同的价值。我们通常建议，可以将有消费规模的独立子频道当作单独的应用来对待，从而给那些愿意回访的用户提供更加有深度、厚度的体验。

比如，很多音乐App里有播客的内容。这些播客内容在主信息流的场景下，就应该做得比较薄，作为音频资源的一种和歌单、榜单等并行呈现；但如果进入独立的播客频道，就更应该对标主流的播客应用（如小宇宙），将产品的功能做厚，将推荐策略做厚，给用户提供更多的使用和回访价值。

在单独的频道或功能区内，我们可以更闭环地考虑在子场景下，用户需要的产品功能和推荐策略是怎样的，而不必为一个统一的大推荐模型所困，只需要去训练自己的小模型。以推送为例，推送的时间、内容、样式选择就会有自己单独的训练目标。

推荐加场景，产品更懂你！

本章小结

当我们谈到产品的时候，不免会谈及三把斧：用户、需求、场景。产品就像是一个多棱镜，当用户之光投射过来时，折射出各种各样的色彩。正因为用户的多样性，当我们应用推荐能力的时候，就需要结合不同的用户特质、不同的需求特点、不同的场景需要来做针对性的适配，从而获得更大的收益。

从用户的角度来看，平台同时服务了C端消费用户和B端生产服务商，由于C端趋于感性，以使用体验为驱动，B端趋于理性，以个体收益为驱动，就需要以不同的方式来引导。

从生命周期的角度来看，新用户是我们需要迎合和服务的对象，而老用户本身就成为帮助系统检验服务质量、内容消费价值的资源。这使得我们会更关注新用户的点击导向、下单导向，给他们推荐热门的内容，而会给老用户推荐一些偏冷的新内容，或者用来拓展兴趣的新品类。

从功能场景的角度看，除了最常见的列表页场景，无论是相关推荐、推送、搜索还是关注场景，我们都可以将推荐算法嵌入其中，让个性化的推荐能够最大化实现各个场景下的业务目标。

第三章　常见的推荐问题

　　就像我们总不免谈论"先污染后治理"的情况，业务在快速发展的过程中往往会带来这样或那样的问题。当我们将推荐应用于产品的各个环节，从而收获效率指标的提高时，业务也在面临各种各样的问题，如重复、密集、易反感和负向反馈等。下面就试图对常见的推荐问题进行阐述，提供一些解决的思路和方法。

重复推荐问题

　　在推荐场景下，一提到重复，我们下意识的反应就是需要进行干预。哪能给用户推荐重复的内容呢？

　　Hold on，hold on，先别急着干预，我们首先需要回答的是：

在特定业务场景下，重复的推荐到底是不是个问题，即用户有没有对于重复出现对象的消费需求？

- 对于资讯类内容服务而言（如新闻、短视频），很多用户往往是没有重复消费需求的，大家不会反复阅读同一篇内容，观看同一段视频。因此，我们需要对重复内容的推荐进行控制；

- 对于音乐类服务而言，用户本身就存在重复消费的场景，如重复地听某段音乐，需要从平衡新鲜感与熟悉感的角度来优化重复推荐的频次；

- 对于电商服务而言，一方面对于消耗型的商品，用户会有重复下单的习惯，比如母婴电商用来引流的纸尿裤、奶粉等商品，又如一囤就囤半年的纸巾类商品，都是会重复进行下单的；另一方面，因为一些电商消费是重决策，需要持续对比或刺激，故而对用户的重复曝光会刺激用户购买，从而转化成平台的GMV。

那么，我们可以从重复的表与里、重复的优化策略等角度分别拆解这个问题。

重复的表与里

在传统相声《胡不字》里，有这样一个段子：领导胡不字因为经常批示，所以自己的名字和"同意"两个字写得非常好。当某次他受邀出访日本需要留下墨宝的时候，着急万分的他用自己仅仅擅长的几个字攒出了一幅作品，来表达中国汉字和日本文字有些长相相同、表意却有差异："同字不同意，同意不同字，字同意不同，意同字不同。"

"字同意不同，意同字不同"就是我们在内容推荐上，对于重复内容的理解和解构。

常见的内容服务，在交互样式上大多拆分为"产品列表页—详情页"的两层结构。所以，用户对于一则内容的消费也就分成两步：列表页预判（字）和详情页消费（意）。前者代表了用户在点击前的预判，后者则代表了用户点击后的消费体验。

基于这个维度拆分，我们能够得到一张 2×2 的表格。

表 3-1　根据列表页和详情页进行情况拆分

	列表页相同	列表页不同
详情页相同	A	B
详情页不同	C	D

情况 D：表里都完全不同的两篇内容。

在这种情况下，两篇内容互不构成对用户消费预判和消费体验的影响，分别推荐即可。

情况 A：列表页和详情页都相同。

从消费角度来看，如果甲乙两篇内容的列表页信息和详情页信息都相同，它们对于用户来说提供的价值完全一样，因而完全具有替代性。在消费了甲内容之后，用户大概率不需要再消费乙内容。

那么，对于推荐系统来说，就需要在甲乙两篇内容当中进行选择，选出一篇展示给用户。如何更合理地选择？就需要分析重复发生的原因。

搬运原因：如果重复源于搬运号对原创内容的抄袭，就应该展示原创内容而非搬运内容。以YouTube为例，通过上线Content ID系统（一种对于视频、音频内容的数字版权标记系统），来确认内容的唯一性，进而进行流通和收益的控制，比如，裁决争议性问题、拦截盗版内容分发、确认正版内容的权益等。

模仿原因：因为内容的版权系统日趋完善，创作者也更多开始了洗稿，而非搬运的做法。如图3-1所示，B站Up主"城市不糜鹿elk"就曾经抨击过短视频平台上存在的伪原创风潮。同样的剧本，场景台词一模一样，只要换个演员就成了一个新的视频。

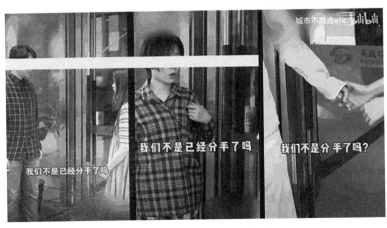

图3-1　短视频平台上的洗稿现象

通稿原因：对于新闻媒体来说，存在通稿类新闻，即由通讯社确定新闻稿内容，统一提供给各个媒体进行发布。这种类型的内容，我们往往会优先选择那些首发媒体、权威度高的媒体，或用户订阅的媒体来确认信源。

比如，国家发布了新一年的休假安排，各种媒体都会在第一时间进行转载。这时，我们既可以从信息源的权威度出发，选择如新华社这样的高权威度媒体，也可以根据用户的地理位置信息和订阅关系出发，选取某某地方日报所发布的信息。

转载原因：除了通稿，另一类常见的原因就是内容的转载。如果我们将转载这一行为近似代入如微博、朋友圈转发的场景，就会意识到，"谁"转载了文章，就构成了附着在内容上的信息增量。我们可以基于用户和转载者的亲疏关系，来决定用户看到的是原创的内容，还是标明了来源之后的转载内容。

为了优化生态，各个平台都在不断完善转载的相关制度。以微信公众号为例，其设定了公众号原创转载功能。B文章设置为允许转载后，A如果群发的消息与B相似，A群发的文章将自动替换成B原创文章，无法修改原文章内容及排版，系统会自动为转载文章注明出处。

情况B：列表页不同但详情页相同。

"意同字不同"，两篇内容可能是完全一致的，但是在其列表页上的包装，如封面图、标题等会有差异。参照广告投放，不同的列表页展现样式会影响用户的点击预判，从而使同一篇内容的不同包装是有点击价值的。

头条号的脑洞功能"多标题+多封面"（如图3-2）就是基于这种情况的应用。针对不同的人群，起一个好标题、选一张好封面，确实能够影响到内容的分发情况。

图3-2 头条号的脑洞功能"多标题+多封面"

对于此类情况，系统需要进一步分析，用户是否看过此内容。

如果用户点击过了甲内容，那么推荐乙内容给他的必要性是不大的，因为从点击后的消费体验来看，用户没有获得额外收益，甚至有可能产生被欺骗的感觉。如果用户没有点击过甲内容，那么乙内容因为发布者、标题、封面的不同，带给用户的列表页消费预判是不一样的，故而有进一步推荐的必要性。

情况C：列表页相同但详情页不同。

这类情况不多，但仍然会出现，一些典型的例子如红烧肉的做法、最新爆笑相声等，创作者往往使用了热门的网图作为封面，标题也并不容易体现出内容的独特性。尽管两篇内容点击后的消费体验不同，但是相似的列表页展示会给用户带来消费决策上的困惑。

如果用户点击过了甲内容，他十有八九会以为乙内容是重复的，从而忽略；如果用户在列表页看过了但是没有点击甲内容，大概率他也会错过乙内容。对于这样的情况，可以适度拉长两篇内容间的推荐间隔，将其视作一个密集打散问题处理。

优化重复推荐

不同于用完即弃的内容服务，也有很多服务本身是存在重复消费需求的。

那么，在这种情况下，我们需要结合业务特点思考：该以什么样的频率、什么样的包装方式对用户进行重复推荐。

在频次控制角度，产品运营需要从用户的使用模式中发掘出重复频次的范式。

在市民服务领域，一些功能的使用往往有着相对固定的周期。比如，用户会周期性地使用支付宝进行信用卡还款、水电费缴纳等行为，那么业务方就可以按照用户的行为模式，给用户进行服务关键词的重复推荐。

在出行服务领域，用户会有固定的起终点或特定时间的行为轨迹可循。比如，在工作日的深夜，滴滴往往默认推荐家的地址；在工作日的早高峰，推荐的目的地就变成了公司的地址。

在音乐服务的场景下，可以结合用户的音频收听习惯在时间上的分布进行重复推荐：用户在清晨、白天、夜晚所需要的歌单或专辑往往并不相同，在白天推荐运动歌单，在夜晚推荐冥想、睡眠歌单，从而更契合用户的使用场景。

在电商服务场景下，未购和已购的商品可能都会有重复推荐的需要。对于加入购物车但没有购买的商品，我们通过重复推荐同款商品、同品类商品并叠加优惠券的方式，不断刺激用户作出购买决策。

以拼多多为例，我们可以看到平台对于已经加入购物车，但是未购买商品的多维度重复推荐。其在主信息流、搜索预置词、"多多果园""天天折扣"等不同场景中（如图3-3），都会重复出现未下单的商品（松下冰箱），并结合不同子场景的特点和玩法进行优惠券的发放。而随着商品从未购买状态变成已购买状态，或是未购买状态持续一段时间，该商品就从推荐流中慢慢销声匿迹。

即便是已购的商品，如果商品本身具有周期性复购的特性，那么在拉长时间周期后的重复推荐本身就有了业务合理性，这种稳定复购甚至可以独立为一种商业模式。比如，Dollar Shave Club就是一家以订阅模式销售剃须刀的公司，成立3年即被联合利华以10亿美金收购。

除了频次控制，我们还可以从运营的角度出发，对于重复内容进行不同的包装，通过"同意不同字"给用户新鲜感，从而提升用户的点击意愿。

以音乐类产品为例，我们每天向用户推荐很多歌单。这就

图3-3　拼多多对加入购物车但未购买的商品进行重复推荐

需要我们从一首歌曲出发，包装出不同的歌单名称来。常见的歌单名称范式，就像是今日头条的多标题功能一样，从一首歌曲的演唱者、专辑、音乐风格衍生，构造出不同歌单名称或推荐理由：

- 从歌手角度出发：某某歌手的歌总令人心动；某某歌手与你相遇；某某歌手喊你来听歌；无限循环的某某歌手歌单；
- 从歌名或专辑角度出发：还在听某某歌曲吗？从某某歌曲听起；
- 从音乐风格出发：民谣，生活就是这样子的啊；独立乐队，摇滚是一场盛宴。

除了运营产出的规则类范式，还可以对歌曲下的热门评论进行筛选，人工选择出一批可以用作推荐语的候选集合。以告五人乐队的《爱人错过》为例，在评论区中可以摘录如下热门评论：

- 像是在告白，又像是在告别；
- 所以故事的结局重不重要；
- 他为她举起一朵玫瑰花。

在大模型日趋成熟的背景下，我们不仅可以利用大模型来生成推广语，同样可以基于歌手的公关照、专辑封面、歌词、热门评论等角度来生成歌单的封面。

比如，图3-4就是使用Dall-E基于"他为她举起一朵玫瑰花"所产出的。生成式人工智能（AI）降低了批量制图的成本，从而给内容的包装提供了更广阔的空间。

图3-4　AI生成的图片

　　歌单名称与歌单相叠加、排列组合之后，就产出了非常多不同的表述方式，让同样的内容给用户带来不同的新鲜感。

　　无论是降低重复推荐的曝光，还是通过调整频次、包装优化等途径来优化重复推荐，都只是我们对于推荐过程的把控，而不是推荐的目的。对于内容曝光频次的调控，都应该根据我们对业务模式的理解，并最终指向更高的业务目标达成。

推荐密集问题

　　承接着推荐重复问题继续论述，重复是内容实质或表象维度的问题，即标题、封面一致或者内容一致的两篇内容属于重复的范畴；进一步升维，如果在某个维度上属于同一种类的内容在用户列表页里短时间、高密度地展示，就是推荐密集问题。比如，音乐应用里，用户整屏都是爵士乐；或是电商应用里，用户刚搜索完电冰箱，推荐流里就都是各种型号的电冰箱。同类型的内容密集出现，降低了用户列表里的信息多样性，给用户提供的是同质的消费体验。

需要明确指出，从短期指标来看，推荐密集不一定是件坏事。短期同类型内容的密集曝光迎合了用户当下的需求，往往会带来短期消费量的快速提升，各种消费指标都会有所体现。所以，在面向新用户冷启动的阶段，我们通常会为了更高的消费量、更好的留存而放弃推荐内容的多样性，根据用户所表达出的短期兴趣确定内容的召回范畴，以类目下高热内容构成推荐的候选集。

但是，短期指标的高企未必会带来长期的稳定收益。推荐密集往往会遭遇用户留存断崖式的下跌。这是因为用户对特定内容的消费是有衰减的，但是什么时候衰减不得而知；如果我们没能在用户特定的兴趣衰减之前完成不同类型内容的交接，那么当用户的兴趣点发生转移时，体验自然会发生崩塌。

推荐密集的出现，既有供给侧的问题，也有推荐侧的问题。

从供给角度来看，因为大多数创作者是逐利的，所以短时热点的爆发往往会刺激一大批同类型内容的快速产出。比如冬奥会期间，哪怕是平时对体育并不感兴趣的用户，也会来关注各项赛事的情况，被谷爱凌、苏翊鸣圈粉。创作者为蹭热门话题的热度，就会创作与冬奥会、运动员相关的各种角度的内容。尽管这些内容并不重复，但是给用户提供的观感还是类似的，他们只能看到大量同话题相关的内容。打个不恰当的比方，咖啡店大行其道，笔者就在一家写字楼下看到了 5 家不同品牌的咖啡店，品牌的确不同，但是并没有给消费者带来真正的多样化选择。

从推荐角度来看，密集问题可以拆分为召回和排序两个环节的原因。

在召回层，如果我们对用户画像的积累不充分，就会使召回候选集有限，没有更多元的内容可以推荐；没有更多元的内容可以推荐，又进一步限制了我们对用户更多元兴趣的探索，从而形成了负向的循环，让推荐跳不出桎梏。

在排序层，常见的问题是我们出于业务目的，对于某个维度的加权不当，使对应内容的排序权重过高而获得了不应有的高曝光量。常见的场景为，各个平台都试图提升原创度、提升权威度，从而对原创作者和权威账号进行加权。但是，原创内容并不等于消费属性好的内容，权威度高的账号也并不能持续稳定地生产高质量内容，过度加权很容易影响用户列表的观感，使用户只能消费同质的内容。

如何干预推荐密集？核心就是"打散"二字。

我们通常在排序后的干预环节采用滑动窗口规则，在排序环节后，将连续 N 条内容尽可能在多个维度打散，从而降低用户体感上的内容密集感。

我们可以基于业务场景下对于同质的理解，进行不同维度的拆分。当拆解出的维度越细致，可打散的策略就可以越精细化，常见的同质维度有：

分类（标签）维度：来自同一分类（标签）的内容过多，比如满屏都是娱乐内容、萌宠内容等。作为一种比较基础的密集情况，通常通过自然语言处理（NLP）的识别方式，对同样种类的内容进行单屏内曝光的控制。

实体词维度：讨论某一实体词的内容过多，比如都是关于某位明星的各种维度的论述。典型案例如某互联网大咖，横跨财经、科技、教育等多个领域。尽管我们已经做了类目的打散，仍然可能连续几条内容都是关于他的信息。

载体维度：属于同一内容载体的内容过多，如一屏都是视频或图集等。不同载体的内容在指标层面往往是不容易对齐的。比如，视频的有效消费显然能够比图文的有效阅读贡献更长的消费时长，那么是否应该用 5 个图文的有效阅读换 1 个视频的有效消费呢？我们很难做出准确的衡量，所以往往通过约定一个占比的方式来确定内容载体的比例。

作者维度：来自同一作者的内容过多，导致用户被刷屏的情况。一方面，可能是因为用户"不慎"关注了一批高产的媒体型账号。这些账号每日发布大量的内容，很可能将其他低频创作者的内容淹没了。另一方面，在关注型关系驱动的平台里，往往会出现创作者密集转发的情况，也会导致用户的信息流被同样的内容所淹没。以知乎为例，当多个关注的创作者点赞同一条内容的时候，信息流便对这些作者的转发动作做了聚合。

需要明确的是，因为算法的排序是以业务核心指标为驱动的（如用户点击率、点击规模等），当我们对密集的同质内容进行打

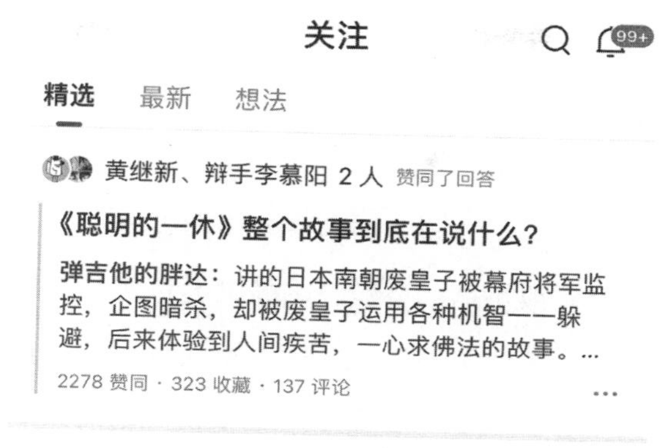

精选　　最新　　想法

⑤ 黄继新、辩手李慕阳 2 人 赞同了回答

《聪明的一休》整个故事到底在说什么？

弹吉他的胖达：讲的日本南朝废皇子被幕府将军监控，企图暗杀，却被废皇子运用各种机智——躲避，后来体验到人间疾苦，一心求佛法的故事。...

2278 赞同 · 323 收藏 · 137 评论　　　　　...

图3-5　平台对不同作者的相同转发做了聚合

散后，大概率在指标层是负向的。

　　所以，针对密集问题的打散，更像是一个长期信仰大于短期指标的选择。约定一个损失程度，我们在这个损失范围内，推进打散的干预操作。

推荐频次控制

　　推荐密集关注的是一屏内，用户看到的内容是否在某个维度是同质的。而推荐频次控制，则进一步希望限定消费者在单次使用周期内观看某类内容的频次，限制供给者流量的上限。

　　和推荐密集的问题一样，推荐频次控制也会带来效率目标的损失，它基于用户体验的兼顾或平台生态的管控，来实现多目标的平衡。

为何要限流?

自然竞争必然会导致垄断:竞争中的强者往往可以依靠自己的优势地位获取更多的资源,不断扩大投入产出比。推荐系统倾向于把流量曝光资源进一步倾斜给强者而非弱者,从而造成了各种高频:如娱乐品类高频、三俗内容高频、大V流量高频等。

站在系统的角度,已经代入了上帝视角的我们,就需要意识到这种高频推荐是存在多重风险的。

如果我们过度关注用户的某一个显性偏好,而没有花足够的精力去探索其他隐性的偏好,那么当用户偏好发现变化的时候,我们往往无法及时应对用户偏好的变化,从而导致了用户的流失。

如果我们让大V在平台上获得过多的廉价流量,短期内固然会带来数据指标的繁荣,但长期来看,一方面可能抑制了小V的生存空间和生长可能,另一方面也往往出现客大欺店,增加管理成本的情况。以业内某平台为例,其辛苦运营半个月的活动,还不如某个大V开一场直播的数据漂亮。在这种情况下,也难怪会出现大V叫板平台的现象了。

如果我们让某一类型的内容短期内大行其道,就非常容易制造出所谓的"流量密码"。由于B端大多数是职业非品牌创作者，当他们发现某个流量密码时，就会快速地批量制造同类型内容。

如果不能有效地识别和控制频率，这种内容不仅会伤害C端的体验，更会让那些认真经营平台的创作者倍感失落。唯有堵住漏洞，才能够维持平台生态的健康。

在平台增长有空间、发展有余力的时候，我们通常建议牺牲一些全局的效率指标，通过建设多元指标的方式，让迭代复合化。

如何做到限流？

我们可以分别从B端、C端的角度入手进行调控。

从C端的角度看，有三个维度。

• 全局频次控制，将某类内容的曝光量在全局曝光中的占比控制在一定量级。这也通常是研发最喜欢使用的方式，只要设定一个全局的曝光降权系数，就能够实现数据指标。

• 个体频次控制，基础的精细化调整。尽管我们控制了全局的频次，但是仍然可能在个体身上碰到雪崩。比如，我们在全局控制了美国职业篮球联赛（NBA）内容的占比，但是对于一个更偏爱NBA内容的用户，其列表里仍然都是同一类型的内容。一个用户100%的NBA内容，另一个用户0%的NBA内容，平均下来还是50%。所以，需要进一步设定个体推荐列表里某种类型内容的上限。

• 个体体感控制，进一步的精细化调整，即对应到上一节的推荐密集问题。用户在刷列表时会有时序上的体感，如一屏内出现的内容、接连三四条出现的内容。这时，我们就可以进一步在一屏内进行打散，不让用户产生体感上的密集。

从B端的角度看，也可以进一步引入阶梯状的调权。

• 围绕单内容曝光设定不同的阶梯阈值，每当进入一个新的阈值后，就会进行相应的降权，从而控制基尼系数（类似个税的等级调控机制）。

• 基于创作者等级设定单个创作者的阈值上限，到达阈值后即进行降权。不同等级的阈值不同，置信度较高、平台亲密度较高的创作者能够获得更大的授信额度和曝光阈值。

单内容的限制和低等级创作者的限制，能够有效降低投机创作者的收益，即便他套用了某种套路，也不会获得超额收益，从而降低平台发生破窗效应的可能性，引导平台生态正向发展。

易反感内容的推荐优化

在过往的推荐效率优化过程里，无论是围绕从列表页到详情页的点击率，还是优化用户在点击进入详情页之后的完播率，我们的着眼点都是在曝光的范围内，尽可能提升用户做出正向反馈的占比（如点击、收藏、分享等）。

这一优化思路的隐含假设是：我们只要提升曝光内容中用户

做出正向行为内容的占比，用户就是满意的；那些仅曝光给用户，但是并没有被点击或有效阅读的内容，对于用户来说是无损的。

但，事实并非如此。

基于实践我们认识到，有一部分内容，只要曝光就会给用户造成负向的体验，从而降低用户满意度。

对于这类内容，我们统称为易反感内容。常见的易反感内容题材有：

- 鬼神类内容：如灵异故事、不明飞行物等；
- 血腥类内容：如蛇、野生动物等；
- 玄学类内容：如算命、风水、星座等。

对于此类内容的推荐策略优化，先要识别得出，然后要推荐得好。

识别得出

策略识别类问题具有较为通用的流程：影响面分析、标准定义、数据收集与标注、模型学习与评估。对于易反感类内容来说，也不例外。

影响面分析

影响面分析旨在帮助我们更好地确定待解决问题的优先级，将有限的精力优先投入收益场景更大的事情。

以易反感内容问题为例，用户的负反馈量统计就是一个可以参考衡量的标准。将一定时间周期内用户的反馈进行整理和标注，我们就可以归结到不同的问题之上，从而确定出是功能类的负反馈更多，还是易反感类内容的负反馈更多；更进一步，在我们已经梳理出的多个易反感类内容里，是血腥类内容的负反馈更多，还是玄学类内容的负反馈更多。从而，我们可以将大问题拆解为多个独立的小问题，并对独立的小问题进行优先级的排序。

标准定义

标准定义旨在帮助各个团队对齐问题的评价标准。

由于问题的处理涉及产品、运营、标注、研发团队，所以只有把标准定义清楚，抽离出问题的显著特征，达成共识，才可以让项目的参与者都能明白这类问题的主要表征是怎样的。除了文字描述，我们通常还需要对具体问题辅以大量的正例、负例，以帮助参与的人能够通过例证更好地对齐理解、把握尺度。对玄学类内容的标注如表 3-2 所示。

表 3-2　对玄学类内容的标注

说明	样例文章
与身体部位有关的玄学类内容	拥有这手相的人，难有作为，可谓是劳碌命！ 拥有这手相的人要警惕，中年横灾或大病！ 这些部位显示出女人婚姻不幸福 这三个地方长痣的女子，一生操劳、婚姻不顺 最近身上有这三种变化，预示必有横财到来，富贵盈门

说明	样例文章
风水禁忌类内容	卧室有这几处风水，就是给财神爷穿小鞋，运势下降霉运也缠着你！ 让你一辈子都一败涂地的风水 属虎人不得不知的五个风水禁忌！
诅咒类内容	命中注定"克夫"又"克父"，婚姻不顺的生肖 这个生肖人今年婚姻危机出现 婚姻不顺，今年会有离婚信息的生肖女 属兔、属蛇、属龙的人在几岁的时候最倒霉，厄运频繁，小人中伤！ 厨房染上这些恶风水，霉运蔓延，财运溃散，谁都帮不了你！

数据收集与标注

数据收集与标注旨在收集相关的正负例，给识别模型提供数据输入。

我们可以通过关键字、正则文本表达的方式来抽取出候选数据集（比如，以霉运、生肖、克夫等关键词来抽取诅咒类的相关候选集文章），通过标注团队的人工标注，将这些内容划分为正例和负例，将得到的数据集合作为训练样本，提供给算法模型使用。

在大型互联网公司，通常都有自建或外包的团队，专门负责相关数据的标注和整理。为了保证输入数据的准确性，还会通过双盲校验的方式，即一份数据经过两个人的标注且结果一致的情况下，才能够作为可使用的数据。

需要额外指出的是，尽管数据标注是一种相对单调、重复的工作，但产品运营人员仍然需要自己进行一定量级数据的标注工作，而不能完全甩给数据标注团队。只有通过查看切实的数据样本，才能够保证对服务的敏感度，对业务的手感。百度搜索的产品经理会例行进行搜索结果满意度的评估，以保证大家对标准理解的统一。

模型学习与评估

标注完善的数据会被交付给算法人员进行模型训练，在模型训练完毕后，产品运营人员还需要对模型的准确率和召回率进行评估。

• 准确率 = 模型识别正确的结果/模型识别出的所有结果，即模型的判断中，有多少是对的结果。

• 召回率 = 模型识别正确的结果/数据集里所有的正确结果，即在所有正确的结果里，模型找到了多少结果。

在不同的应用场景和业务诉求下，我们对准确率和召回率的平衡度是不一样的。

在易反感内容的问题上，如果希望强化读者端的体验，尽量不要让用户看到反感的内容，就需要重视召回率，尽量把易反感的内容都找出来，宁肯错杀一千，不能漏掉一个；如果想要强化作者端的体验，希望作者的文章尽量不要被误伤，则需要重视准确率，适当露出一些置信度低的结果，或是对置信度较低的内容增加人工复审捞回的机制。

需要额外指出的是，在服务出海的大背景下，我们需要对易反感内容作出更细致的定义和判别：不同区域的习俗不同，可能会影响到对易反感内容的判别标准；在一个区域习以为常的内

推荐连接万物

容，可能换了一个文化背景就变成违反禁忌的内容了。为了保证ChatGPT能够更好地服务来自不同文化背景的用户，OpenAI做了非常多"超级对齐"的工作。在响应问题之前，预先引入一段关于国家和文化背景的信息，再结合场景做出响应，才能够在不冒犯用户的前提下解决问题。

推荐得好

在能够识别出易反感的内容后，我们针对此类内容的推荐也需要做进一步的处理，主要体现在曝光场景的收敛和负反馈机制的加强。

一则用户并没有表达过兴趣的内容往往会通过探索的机制，以列表页推荐或消息推送的方式触达用户。对于易反感内容，首先就要限制其探索的优先级和频次。对于极端的类别，甚至应该控制它们的曝光场景，只在用户有主动需求的情况下，在搜索的场景下才展示。

一个典型的例子为，在电商场景下的殡葬业商品，只应该出现在搜索里，而不应该有推荐、推送场景的曝光。哪怕是用户已经表达出了搜索的主动意图，我们也不应该将这一意图应用到推荐信息流的场景里。设想一下，如果我们在深夜给用户推送了殡葬业商品，那么提供的恐怕就不是惊喜，而是惊吓了。

即便部分类别的内容基于探索的原因展示出来了，我们也应该基于用户的负向行为，进行更严格的频率控制。

通常，我们将用户的不点击行为视作无损的动作；但是对于易反感内容，如果用户不点击就应该视作一个基础的负反馈动作，需要拉长这类内容的二次探索周期。如果用户做出了显式的打叉动作，该类内容就应该受到更大的处罚值。

以蛇的内容和NBA的内容探索为例，如果用户对于这两类内容都没有点击，那么NBA的内容可以在下一个间隔周期（比如5天）后再次出现，作为二次探索的尝试；但蛇的内容就应该推迟多个周期后才展示（比如6个周期、30天），以降低对用户可能产生的负向影响。如果用户对蛇的内容打了叉，那么我们就应该进一步降低同类内容后续的推荐频次。

由于用户大多是沉默的，且易反感内容通常只影响用户的列表页体验（如果用户很反感，那么他大概率不会点击进入详情页）。所以，对于易反感内容的打压，通常并不会显著地表现在指标层，不会对点击率、留存率带来特别明显的影响。我们往往只能通过用户负反馈，如打叉率、投诉率这样的污染类指标的降低，来相对衡量我们干预效果的好坏。

对易反感类内容更加细致化的处理，追求的是用户满意度，印证的是做个性化推荐分发的初心：如你所愿、阅你所悦。

时空限定内容的推荐优化

部分内容和商品具有特定的时效性和空间限定属性，通过前置专家知识的引入，我们就可以控制对应内容的分发范围，从而提升用户端的消费体验，促进消费规模。

时效性，代表了不同内容或商品的保鲜期。

短时效性的内容，以赛事进展、股市信息等新闻为典型代表，通常以小时为时效性周期。这类内容具有保质期短、时间序消费的特点，在新消息发布之后，旧的消息就完全没有价值了。比如每天的股市播报，当收盘的消息发布之后，就不会有多少用户关心盘前或盘中的新闻了。

为了呼应这种短时效性的资讯消费需求，人类撰稿已经跟不上节奏了，于是出现了越来越多的AI撰稿。在国外，早在2016年，《华盛顿邮报》就曾采用旗下的Heliograf进行机器人写稿，并利用即时通信软件进行里约奥运会实时赛事结果的播报；2018年，彭博新闻社正式启用了机器人Cyborg辅助编写关于财报的文章，只要将财务报告录入系统，就能立马剖析报告，并发布包含相关事实和数据的新闻报道。在国内，无论是腾讯的DreamWriter机器人，还是字节跳动的张小明机器人，都能够基于赛事比分或财经内容进行快速撰稿。今天，你也可以调用大模型快速生成一篇事实型简讯。

中时效性的内容，通常可以覆盖绝大多数的新闻内容，以天和周为时效性周期。比如，每一部热剧的发布都会伴随着周边内容的生产（视频切片、剧情讨论、人物八卦等），这些内容的消费频次往往和播出的节奏保持一致。伴随着剧集的播放完结，其相关内容的热度也会逐渐衰减。

请基于2023年12月1日A股沪深300指数写一篇500字左右的快讯。

2023年12月1日，A股市场沪深300指数报收于4050点，涨幅为1.02%。在此背景下，市场信心逐步回暖，资金流向较为均衡，结构性机会丰富。

今日沪深300指数高开高走，开盘价为4000点，盘中最高触及4060点，最低探至3985点。收盘时，沪深300指数报收于4050点，涨41.4点，涨幅为1.02%。其中，沪指报收于3150点，涨31点，涨幅为1.01%；深成指报收于11500点，涨177点，涨幅为1.58%。两市成交量较昨日略有放大，沪深两市成交金额超1.2万亿元。

从行业板块来看，今日申万28个一级行业中，涨跌互现。其中，食品饮料、家电、医药生物等消费板块表现强势，涨幅居前；而有色金属、化工、采掘等周期板块表现较弱，跌幅居前。

从个股来看，沪深300成分股中，今日有165只个股上涨，161只个股下跌。其中，中国中免、五粮液、美的集团等白马股涨幅较大；而中国铝业、陕西煤业、紫金矿业等周期股跌幅较大。

近期，我国宏观经济数据保持稳定，政策面积极偏向，助力市场信心逐步回暖。在此背景下，资金流向较为均衡，结构性机会丰富。今日沪深300指数的上涨，表明市场对经济基本面和政策面保持信心，预计后市行情将呈震荡上行走势。

展望未来，随着我国经济逐步回暖，政策效应持续显现，市场流动性保持合理充裕，结构性机会有望进一步凸显。投资者可关注政策导向和行业基本面，把握结构性机会，均衡配置。在此背景下，建议关注以下方向：一是低估值的蓝筹白马股，如家电、食品饮料等；二是具有政策扶持的新兴产业，如新能源、半导体等；三是疫情复苏概念，如旅游、酒店等。

总之，在当前市场环境下，投资者应保持信心，把握结构性机会，稳健前行。同时，注意控制风险，密切关注政策面和基本面变化，做好投资策略的调整。

以上内容为 AI 生成，不代表开发者立场，请勿删除或修改本标记

图3-6　由大模型快速生成的事实型简讯

长时效性的内容，则具有跨时间维度的消费价值，以年为时效性周期。长时效性内容，可以是知识、案例分析等非虚构性内容，也可以是小说、散文等虚构性内容等。典型的例子如百度文库中沉淀的各类型文档内容，当有需要的时候，就可以被检索出来进行消费，其消费价值不会因为时间的推移而降低。

在不同时效性内容的差异化处理上，推荐系统需要在消费价

值和消费资源之间做出平衡：

- 长时效性内容推的周期短了，会造成可推荐资源的浪费；
- 短时效性内容推的时间长了，则会造成用户体验的伤害。

因此，推荐系统会基于内容的时效性特点和已有资源库的规模情况，来预判不同内容的衰减周期和推荐策略。

对于短时效的内容，在识别层面，可以首先基于先验知识和消费规模进行不同类目的标注（如天气、地震、股市、赛事、时事资讯等内容），再进行通用性的时效性识别。在推荐环节，这类内容的分发并不适用于通用的"冷启动—扩量"的过程，而需要以规则的方式更快速地传递给更多的用户。比如，我们可以通过对接可信发布源头（如权威的官方新闻社、基于数据接口对接生成的事实性报道）来保证信息的有效性，通过列表页插入、订阅信息推送等方式，让内容在更短时间窗口内完成目标用户的触达。

中时效性内容通常是系统分发的主要内容。平台可以结合自身可消费资源的规模，来确定中时效性内容的生命周期。大平台上内容的生命周期相对较短（如3天、7天），小平台的内容生命周期则往往相对较长（如双周、每月）。此外，我们可以动态地根据内容本身的数据表现，来决定内容的生命周期，消费性强的可以延续分发周期，消费性弱的则更早从资源池里移除。

对于长时效性内容，最典型的消费场景是搜索。由于这些内容的消费价值和时间点无关，所以理论上无论什么时间都可以被系统分发。我们唯一需要考量的，是这种与时效性无关的特点是否会造成创作生态的阶层固化，即老的创作者因为内容持续正反馈，像滚雪球一样得到持续的曝光。这不仅使老创作者躺在功劳簿上，丧失了创作动力，也会使新的创作者因上升无望而从平台离开。

以知乎为例，基于问题为核心的分发方式，使早先发布的回答、已经有一定积累的作者，更容易在其生态下获得更高的曝光。为了保障创作者的新陈代谢，就势必需要从回答的发布时间角度进行加权，从而使新回答可以得到更多的曝光，给新作者提供更好的上升通道。

除了时效性长短，一些内容或商品的分发还会绑定特定的时间周期。比如汤圆、月饼、大闸蟹、羽绒服在一年内有相对固定的营销分发周期；又如高考作文题、国庆出游、春运、春晚等，也是我们预判得到的内容主题。做分发业务，你往往可以找本行业内的营销日历，结合特定的时间（公历或农历）提前安排待分发的内容和商品。

对于地域限定下的内容分发，最典型的场景即本地资讯。由于本地资讯不具备跨地域的普适性，所以需要控制在一个特定的地理范围里进行推荐和分发。在识别的层面，首先可以通过标注本地媒体的方式来限定不同作者发布内容的可见范围（比如本地的地方媒体、地方吃喝玩乐导向的公众号等），其次可以通过文章中的关键词密度进行补充NLP识别。需要注意的是，在基于关键词密度进行本地性识别时，需要豁免旅游、历史等类目，避免造成误伤。

本章小结

　　算法模型的优化可以用来解决通用问题，而产品运营人员则需要关注特定场景下的问题。当我们借由技术迭代获取全局指标提升的时候，也需要意识到，用户不仅是看板上一个宏大的数字，而是一个个活生生的个体。因此，需要我们频繁使用自己的产品，代入用户的场景去扮演用户，揣摩他们使用时的体感。

　　无论是重复推荐、密集推荐问题，还是易反感问题或时空限定问题，这些问题的解决或许并不会为我们的业务指标带来巨大的波动，但能够为用户的使用体感带来实实在在的改善。

第四章　从推荐到业务

　　在熟悉了推荐算法的工作方式，知道它能做什么、不能做什么后，我们就能比较好地将其应用集成在各个独立的功能上以提升效率。但是，业务并不简单地等于功能的合集，全局最优解也不等于各个局部最优解的累加。

　　为了趋近业务的全局最优解，产品运营人员就像是一个杂技演员，需要在生态与数据、用户与商业、消费者与生产者等二元对立的关系中游走，找到平衡点。单一地使用效率指标作为业务的牵引未免太过粗放，我们需要更精巧的方法将推荐引擎嵌入业务这台机器当中，才能最大化地发挥出推荐的作用。

　　　　　　　　　　　　　　　　　　　推荐连接万物

不同业务下的推荐差异性

当业务成长到一定体量时，过往那个过于抽象且粗放的、大而统一的业务模式就不再适配了。为了进一步获取增量收益，我们必然引入用户分层，将用户按照不同维度进行切割，对具有不同特质的用户群体分而治之，进行精细化的服务，从而使收益最大化。

以图 4-1 为例，RFM 模型使用了 Recency（最近一次消费）、Frequency（消费频率）、Monetary（消费金额）3 个维度对用户进行了 2×2×2 共 8 个维度的划分。而推荐能力的引入，使我们可以在不同的业务场景中借助算法的力量，将人群划分得更加细致，从而实现针对小众群体用户，甚至是针对个体用户的定制化服务，以获得更大的增量收益。这也是我们总会将推荐与"千人千面"关联的原因。

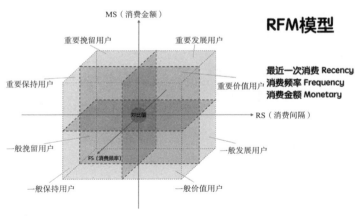

图4-1　RFM 模型

在不同的业务下，消费模式和盈利方式各不相同，使推荐策略的目标制定和应用方式也会发生变化。下面，我们就列举、对比市场上常见的内容业务、会员业务、电商业务和社交业务。

用户消费门槛影响有效行为定义和目标设定

不同的业务间存在消费门槛高低的差异性。

对于内容业务来说，尤其是小视频内容来说，查看即消费，是一种最低门槛的消费行为。

对于电商业务来说，消费行为被拆分为查看商品和购买商品两个阶段：查看只是过程，购买才是目的。因为用户要付出真金白银才能够完成核心行为，所以用户的决策成本被抬高了。

对于音视频会员业务来说，更像是电商和付费内容的融合体。在用户成为会员前，更像是一个电商场景：需要通过内容的浏览，引导用户完成会员的购买转化。而在成为会员后，在会员存续期内，内容的消费就变成了免费的行为。

对于相亲交友业务来说，问题变得更加复杂。决策从单边行为升级为双边握手行为，只有一方发起邀约是不够的，只有两侧都同意，才能完成一次有效的行为。

因为在各个业务模式下，消费门槛和有效行为的定义存在差异，所以推荐的目标也产生了差异。

内容业务相对简单，追求的是用户更多的有效点击、更长的时长。其中，有效点击的定义，通常以基础行为和最低播放时间作为门槛，从而过滤掉一些作弊行为和没有参考意义的用户行为数据。

　　电商业务下，用户动作链条变得更长。如图 4-2，做电商也是需要优化信息页面的：点击、商品页查看是购买下单的前置步骤，没有查看就没有购买。但业务的最终目的指向购买，所以在电商场景下除了需要追求信息相关的曝光查看率，推荐模型还需要考虑购买的加入购物车率、成单率，以及衡量用户满意度指标的退款率。

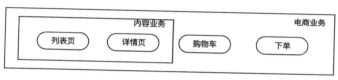

图4-2　电商业务的用户动作链条比内容业务更长

　　此外，结合平台的营收模式，购买行为也变得不等价：可以结合客单价、平台分成情况进行区别对待。比如，客单价更高的购买行为可以赋予相对更高的权重，平台分成更高的购买行为可以赋予更高的权重等。

　　举例而言，在购买转化率预估不变的情况下，我们究竟应该给一个有消费能力的用户推荐客单价为A的商品，还是客单价为2A的商品呢？我们是以GMV为导向来设定推荐目标，还是以平台分成为导向来设定目标呢？这里，就给了产品运营人员不断细化和深挖的空间。

会员业务下推荐的应用可以拆分为两个阶段：

• 售前：在用户为非会员的时候，内容的推荐更多是以付费转化为目标的，即优先推荐给用户那些转化率更好的内容，从而完成用户从非会员到会员的转化。

• 售后：在用户成为会员之后，业务的目标就会转为续费。那么，推荐目标也会从付费导向转变为内容消费导向，追求用户更多的有效点击、更长的时长；之所以追求更大的消费规模，除了因为会员可以无门槛进行内容消费，还因为内容消费可以提升用户对于会员的价值感，从而有利于下一个周期的会员续费。

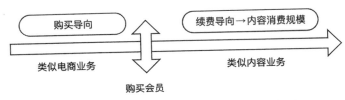

图4-3 会员业务的推荐有售前、售后两个不同的导向

所以，我们常笑称：在会员业务下，非会员向钱看（指向付费转化），会员向前看（指向下一个周期的会员续费）。

社交业务下，业务模型会变得更加复杂。

由于涉及双向选择，我们可以将其理解为一个对称的"以物易物"的行为：不仅需要A能够看得上B，在查看后向B发起邀约（购买）；B也同样要看得上A，能够对称地发起邀约行为。

在这样的场景下，并不是单边行为越多越好，而是要综合考虑能够收到回复的行为占比。比如，我们只考虑优化单边行为

（A找B），那么很可能出现A进行了大量行为，但是没有收到回应的情况，从而产生挫败感，影响A的后续留存。

我们可以借由图 4-4 理解不同业务的特点：

首先，所有业务都包含内容属性：无论是会员业务、电商业务还是社交业务，用户都需要通过消费内容再作出后续的决策。为了引导用户多买、多互动，就势必会优化列表页和详情页的信息展示，信息和用户的匹配关系；在购买了会员后，会员在存续期也是一个内容属性的业务，多听多看，才有可能传导到后续的多续费环节。

其次，电商、社交类业务增加了二次决策门槛：对于内容，点击进来后，阅读消费就产生了；但是电商和社交依赖用户的二次决策，要不要购买、要不要发起沟通。这使推荐会做得更厚重，需要考虑有无后续的行为，类似于内容推荐上我们去优化用户的分享、收藏等指标。

最后，社交类业务需要考虑对侧偏好：无论是会员还是电商，你愿意出钱，对侧大抵是愿意把货品售卖给你的；但是在社交业务上，像是两个电商业务对接到了一起，只有互相都走过了二次决策的环节，才能够完成最终的匹配。

供给特点影响推荐流量分布

除了从C端看，消费门槛带来的差异性，从B端看，不同的业务模式也有着自己的供给特点：

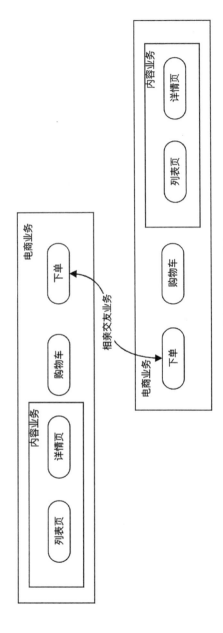

图 4-4 不同业务模型的不同特点

对于内容业务和音视频会员业务来说，虚拟内容是无限供给的，一则内容可以被消费无数次。

对于电商业务来说，存在库存的概念。如直播场景、"双十一"场景下，单品的库存卖完了，就不能再承接消费者的购买诉求了。

对于社交来说，"库存"成了人，和电商场景下的库存相比，它更加有限。以相亲应用为例：一方面，如果一个人找到了伴侣，就会从应用中离开，相当于这个库存失效了；另一方面，即便一个用户处于寻找伴侣的状态，他能够处理的信息上限也是有限的。

供给特点也相应影响了推荐中对基尼系数的把控和对流量分布的调控。

对于内容业务来说，原创与否和基尼系数是流量分配的切入点。

在原创角度，平台可以更好地识别原创内容和搬运、二创内容，从而做出有针对性的推荐调整、利润分配等行为。例如，YouTube上线了Content ID机制，用于保护原创作品。当检测到新上传的视频中包含已有版权主张的内容后，就会对搬运或二创视频做出相应的处理。目前，这一系统覆盖了音像作品、录音和乐曲、文字作品、视觉作品、视频游戏和计算机软件、戏剧作品。

在基尼系数角度，对于内容分发系统来说，绝大多数情况下是不需要过度考虑这个问题的。

内容行业本就是一个马太效应极其严重的行业，流量不是二八分布，而是一比九十九地分布。一则头部内容可以被无限次地消费或二创消费，具有巨大的社会讨论价值和病毒传播特性。也正是内容行业的这一特性，使内容平台乐意推波助澜，持续不断地"造热搜、造热点"。

以某内容分发平台为例，其搭建了一套热点加速机制：通过例行监控，维护一个短期快速增长的内容池。运营通过对内容池的维护，从中主观挑选出有可能热度更上一层楼的内容，从而通过运营干预手段等方式，主观加速内容的曝光。

对于电商业务来说，因为有了库存的制约，所以商品不可能无限制地发售。不过，在绝大多数推荐情况下，由于不涉及抢购的高并发场景，所以并不需要考虑库存的因素。

虽然库存问题不太严重，但电商业务下存在一个类似内容原创的问题：同质化商品。具体表现为不同商家售卖的同一款商品或是不同商家售卖的近似款商品。

特征区分：对于内容推荐系统来说，两则一模一样的视频有原创和搬运之分，自然可以做流量的分配和统计。但对于电商推荐系统而言，哪怕两个完全一样的商品，只要上架到两个不同商家内，就需要被视作两个不同的待推荐对象，需要区分几个商品间可共享和不可共享的特征。

流量分配：推荐在强化畅销商品的同时，也需要考虑相似或同款商品的冷启动问题，让平台尽可能了解到大部分商品的销转情况，以避免热销商品脱销后的青黄不接。以某旅行电商平台为例，仅"故宫一日游"的旅行服务，就对接了不同旅行社提供的多款近似商品。尽管也存在转化率最高的商品，但是这个商品所对应的旅行团，单次能够承接的数量是有限的。所以，该电商平台在流量分配上，刻意对同类商品进行了打散，保证每款产品都能够有一定规模的冷启动机会，按照置信转化率的高低来决定它们面向用户的曝光量大小。

而对于社交平台，库存的有限性会导致两个问题。

其一，信息容易过载。如前所述，在相亲交友平台上，一个用户既是消费者，也是被消费者。不仅需要发出邀约，也要处理对侧的邀约。这就使一个热门的用户会收到数以百计的邀约。显然，这样的邀约对他来说是信息过载。他无法一一回复，甚至无法一一查看，自然就无法达成两侧的互选。

其二，供给有效期短。不同于内容可以无限次消费，也不同于商品在绝大多数情况下都是供给充裕的。在相亲交友平台里，一个用户的可用度更低。如果他找到了另一半，就会从平台注销账号，彻底不可用了。积累在其上的各种推荐数据，也就一并泯灭，不可再使用了。

为了降低信息过载、解决供给问题，平台就需要刻意控制过热单点的产生，通过削峰的操作来平滑流量分布。当某个用户接收到太多的邀约时，就通过降权或熔断的方式，让他不再曝光给对侧的用户。从而，将被动曝光的机会让给次优解的用户。

推荐只是引擎，为业务目标服务

在今天，推荐算法是一把利器，只要给定一个目标，它大概率能够比人工规则优化得更好。

但是，我们始终应该明确：推荐在业务过程中所起到的作用是在"术"的层面（提升效率）。如果业务负责人没有先想清楚"道"的层面，即应该在哪个环节提效，朝哪个方向提效，那么推荐的使用很可能会带来南辕北辙的效果。

比如，某内容平台为了促进载体升级，通过固定位插入的方式来插入视频、小视频载体，采用"点击率目标"来训练推荐模型，试图提升视频类内容消费在整个平台中的比重。从数据指标上看，目标的确实现了。更多的视频内容在首页信息流流通，整体的点击数据也表现得很好。但是，因为没有前置厘清"载体应为内容服务，内容应为调性服务"这个关系，使推荐模型并没有考量视频内容的分类和内容标签，大量博人眼球的娱乐内容视频混在相对严谨的图文内容中，给平台生态造成了巨大的撕裂。

在过往的咨询服务过程中，很多企业视推荐引擎为良药，觉得一搭载上推荐引擎，就能够让自己的业务脱胎换骨。但事实上，我们真正待解决的事情，首先是业务这道菜应该怎么烹饪，才能做到最美味、最吸引广泛的用户。然后，才是如何提效的问题，关注如何能够在单位时间内烹饪更多的菜肴。

推荐只是引擎，我们应该决定的是：它要带着业务加速驶向何方。

如何用立体的指标衡量业务

如前所述，推荐引擎应该也只应该成为系统的引擎，其作用是帮助业务实现更好的目标。而和推荐引擎"更准确、更多元"的算法导向相比，业务需要刻画更为立体而多元的指标，从而更好地拟合业务的目标态，指导推荐引擎的迭代。

如何衡量用户满意度

如果抛出这样一个问题，业务的目标导向是什么？

用户满意。

我想这一定是绝大多数人都能够达成一致的共识。

但问题来了，如何衡量用户满意度呢？如何用一个指标来衡量，我们所做的迭代会让用户感到满意，或者会让用户觉得不满意呢？

有两种常见的评估用户满意度的数值方法。

其一，用户净推荐值调研。

净推荐值（NPS）是传统公司和互联网公司都会使用到的衡量用户满意度的一种方式。该指标评估的是用户向朋友或其他人推荐产品服务的可能性。通常，我们会以问卷调研的方式，以 10 分制向用户询问，他是否愿意向身边朋友进行推荐。

- 0—6 分代表的是贬损用户（即不满意的用户），他们非但不可能向朋友推荐，甚至有可能向朋友吐槽；

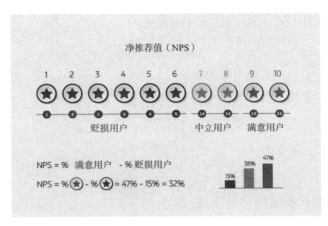

图4-5　NPS示意图

• 7—8分代表的是中立用户，他们对产品服务无感，不太可能向朋友推荐；

• 9—10分代表的是满意用户，他们对产品服务感到满意，也比较愿意向朋友推荐。

NPS值＝推荐用户的占比－贬损用户的占比

比如，一次问询中有1000个受访者，700人愿意推荐，100人中立，200人不满意，那么NPS＝（700/1000）×100%－（200/1000）×100%=70%-20%=50%。

通过持续、周期性地发送NPS问卷，我们可以定期了解用户对服务的满意情况。如果你了解过病毒传播的概念就会知道，用户间的推荐和转介绍，对于公司的用户规模增长有非常正面的影响和作用。一个产品服务的NPS值越高，其用户增长的速率大概率也会越快。

在国内，很多互联网公司都会在自己的产品中插入用户净推荐值的问卷，以持续监控用户对自己产品的满意情况。

其二，用户留存。

NPS值的计算有两个前提，即假设我们能够触达各个分层的用户，被我们触达的用户也都对问卷做出了反馈。但在实际场景下，这两个前提很可能存在偏差：

如果用户都不使用你的产品了，又怎么会有机会看到问卷呢？

如果不满意的用户都不愿意响应问卷，又怎么会得到相对客观的结果呢？

为了避免我们看不到沉默的大多数用户，只被少数用户的声音所影响，在实际操作中，我们会进一步关注另一个数值指标——用户留存。

用户留存指标，衡量的是在特定周期里，回访用户和使用用户间的比值。比如，"次日留存"代表：在第一天使用过服务的用户中，第二天再次使用的占比。如果第一天有100个人使用了产品服务，第二天有30个人回访了，那么次日留存就是30/100×100%=30%。

如果说净推荐值代表的是用户的口碑、用户间的口耳相传，那么用户留存代表的就是所谓的回头客。如果没有持续的回头客，又怎么会有口耳相传呢？

在业务实践中，我们关心的留存指标可以按照时间维度划分：次日留存、三日留存、周留存、月留存；也可以按照用户群

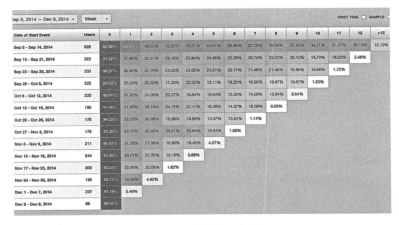

图4-6　用户留存示意图

体维度划分，如新用户指标、全用户指标等。

什么样的留存指标算是比较好呢？

关于这个问题，Facebook曾有一个关于留存率的"40-20-10"规则。意思是说，如果你希望应用日活跃用户超过100万，那么用户的次日留存需要大于40%，7日留存需要大于20%，30日留存需要大于10%。

需要明确的是，留存刻画的是用户的回访行为。回访行为和频次会因为业务形态的不同而不同，无法一概而论。比如，对于机酒预订的服务来说，用户完成了服务就应该离开平台，直到他下一次需要重新预订。那么，在这种场景下去考量30天留存，可能就没有太大的参考价值。国内某社区平台，曾经分享过这样一个故事，当他们在观察用户的留存情况时，发现了其月留存甚至高于周留存，出现了翘尾的形态。

正因为服务形态的不同，不同产品有不同的业界经验标准：比如，内容型产品的次留参考值为30%，社交型产品的次留参考值为50%，游戏类产品的次留参考值为40%，等等。如果你要新做一款产品，其次留没有达到行业标准，显然昭示着产品服务还有一定的改进空间。

用户结果指标与核心敏感指标

无论是用户净推荐值还是用户留存指标，在我们在深挖这两个指标的过程中就会意识到：这两个指标是存在不足的。

其一，它们只指向了结果，并不能指导改进过程。就像考试一样，用户结果指标衡量了用户满不满意，我们考得好不好，但是如何提升自身学习水平，如何改进考试结果，这两个指标无法帮助我们找到有效抓手和落地点。

其二，当一个业务处于相对稳定的时候，结果指标的波动往往很微弱。以我们频繁使用的几个头部应用为例。援引QuestMobile数据，抖音、快手的日人均使用时长都已经超过1小时，其活跃用户的7日留存率都在80%以上。在这样的数据指标上，产品的很多微观动作，已经不足以影响结果指标的波动了，那么，我们又该如何呢？

为了指导日常的业务迭代，我们需要找到更灵敏、反馈更及时的核心敏感指标，才能够更方便地衡量改进工作是否正向，帮助我们更好地迭代。

核心敏感指标，往往需要与结果指标有正相关性。即经过我们的实践验证，核心敏感指标正向了，大概率会传导到留存指标的提升、用户净推荐值的提升。

在全用户场景下，过程指标通常指向业务的核心场景。用户在核心场景下使用得越多，大概率能够代表用户更加满意。比如，短视频应用追求更多的人均播放和人均时长，电商应用追求更多的人均订单量和人均购买金额。

以大家对美团外卖的关注为例，各方核心关注和对比的就是美团的外卖单量。这个核心指标体现了用户对美团外卖的使用频次和规模，也代表了用户对美团外卖的满意程度。而在业务内部，衡量一个产品动作是否正向，最直接的尺度就是，产品动作上线后，人均订单量或人均订单金额是否有所提升。

在新用户场景下，过程指标则往往指向用户能够更好地体验

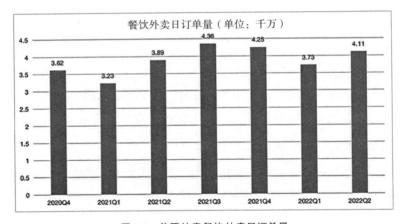

图4-7　美团外卖餐饮外卖日订单量

到主场景，也因此提出了"Aha Moment"的概念。Aha Moment 又称为顿悟时刻，指的是用户在第一次使用产品服务时，突然感知到产品价值的时刻。当用户经历了这一时刻，明确产品对他是有帮助的，就更可能成为产品的留存用户。"先上手，再习惯"，是新用户场景下的指标导向。

不同产品，有着不同的Aha Moment定义，比如：

- 支付宝，定义为稳定使用支付宝 3 个以上的功能；
- Airbnb，定义为 6 个月内完成首次订单，并给出 4 星以上评价；
- Tinder，定义为用户的首次对话；
- TikTok，定义为第一天看 5 个以上视频。

从以上内容可以看到，新用户追求的核心指标，会比全用户的更为聚焦和精练。

指标体系的三种导向

当我们关注核心敏感指标的时候，我们所找到的往往都是指向业务增长的指标，比如交易额、播放量、阅读量等。但是，正所谓能力越大、责任越大，当我们所参与构建的服务成长为平台型服务的时候，我们的目标也变得更加多元起来。

概括来说，指标体系的构建有三种导向：效率型、公平型和污染型。

效率型指标

在业务发展初期，效率型指标往往是我们唯一关注的指标。比如，关心更大的消费规模、交易规模等。增长是解决一切问题的良药，只有保证业务核心指标的快速增长，才能够持续不断地形成正向飞轮。

除了追求更高、更快、更强，我们也可以进一步细化不同消费行为的价值。

以电商场景为例，用户的每一笔订单都是等价的吗？还是单价更高的订单价值更高？我们可以以消费金额来重新定义订单价值。

以短视频场景为例，用户每天前几个播放行为和 1 小时之后的播放行为等价吗？一次 5 分钟的观看行为和一次 1 分钟的观看行为等价吗？我们可以结合用户行为的时序、用户行为的时长对播放行为进行价值重估。

公平型指标

如果用一个经济体类比的话，效率型指标关心的是经济体的国内生产总值（GDP），即总规模或人均指标。而公平型指标关心的则是贫富分配问题，即中位数问题。

对于平台来说，在前期发展的时候，为了冲规模是不介意培养出头部的，头部通过极高的转化率给平台带来了更大的交易规模。而到了发展的平台期时，蛋糕已经做得足够大的时候，就需要考虑如何更好地分蛋糕的问题了。

以长视频平台为例，早期通过一部剧、一部综艺能够带来非常大规模的会员注册。而这种一部剧带火一个平台的情况，随着视频平台会员渗透率的提升，正在变得越来越微弱。2015 年网剧《盗墓笔记》上线，开启了爱奇艺会员付费的商业模式。根据《财经》透露，2018 年《延禧攻略》的热播为爱奇艺吸引新付费用户 1200 万个。但是，让我们将时间快进到 2022 年。在 2022 年第一季度，爱奇艺独播上线《人世间》一剧，但此时，该头部剧帮助爱奇艺带动的会员数量增量为 440 万个。

进入发展的平台期后，总的消费规模已经不是第一考核要务了，平台会更多地关注整体生态建设的合理性和资源分配的有效性。

以内容平台为例，我们可以进一步思考这样一个问题：究竟是那些头部的大 IP 离不开平台，还是那些腰部的 IP 离不开平台？答案显然是后者。通过扶持后者，才能够让平台获得更稳固的创作者生态。当我们看到许多短视频平台中大主播裹挟平台的时候，就更需要思考，如何尽早腾挪出一些资源，来兼顾平台的生态。

从"有更多的消费规模"到"让更多的人都有消费行为"，业务目标的调整也会影响到对推荐模型的迭代。在产品运营角度会推进更多类似"劫富济贫"的操作，比如，对高曝光、高消费的对象进行调控，对特定范畴的对象进行曝光补贴等。

污染型指标

引入污染型指标，会让我们进一步思考：我们在达成高交易规模的过程中，是否并发地造成了用户体验的损伤？

- 对于电商平台，我们可以衡量交易规模下，平台的投诉情况是怎样的。

- 对于内容平台，我们可以衡量消费规模下，用户点击不感兴趣的情况是怎样的。

以某电商平台为例，在其发展早期，与快速增长交易规模伴生的，是大量用户关于货不对版、劣质假货的投诉。为了逐步扭转这一现象，该平台专门上线了补贴频道，加强了对店铺的监管机制，通过对品牌商品进行大额补贴、对违规商家进行高额处罚等方式来建立用户认知、降低投诉率，从而让平台的发展变得更加健康。

业务目标考虑到污染型指标，会对推荐模型迭代是否可上线引入新的标准。过往，一项迭代可能只看是否增加了正向指标，而新的评价体系里，可能会同时考虑这项改进在增加正向指标的同时，是否放大了负向的效应。

以污染为代价的发展，长线来看，是要被调控和逐步放弃的。

业务不同发展阶段的指标导向

对于一个产品服务来说，对于不同的发展阶段，其业务需要关注的指标导向，也是需要不断迭代和改进的，这样才能够适应不同体量规模下的需求。

在起步阶段，高质量的留存是产品服务需要关注的要点。只有高于平均值的留存指标，才能够让产品服务"活下去"。所以，在这一阶段，我们需要一门心思搞生产，关注业务的核心效率指标，将用户的使用规模冲上去。在这个阶段，尽管伴生着各种问题和非议，但那并不是这一阶段需要解决的主要矛盾。

在发展阶段，平台已经具有了一定的用户基础和交易规模，就可以适度开始考虑公平型指标了。我们在谈及平台的时候，往往会提及先发优势。但是这种先发优势如果形成了某种阶层的固化，是不利于平台进一步发展的。比如，某基于粉丝分发的内容平台，新创作者抱怨的是，老玩家的相互点赞、抱团吸粉，让新创作者没有出头日。在这种情况下，平台需要通过更好的资源分配，腾挪资源出来给新的玩家入场、扶持新的玩家成长，从而像游戏体系一样，能够搭建起一套晋级体系来。

在成熟阶段，平台的各种指标已经相对稳定了。无论是使用时长还是用户留存，都很难有千分位的改进了。在这个阶段，就需要更关心负向指标，通过控制污染型指标，让创作者、用户、商家等平台上不同的玩家都能够获得好的体验。

在业务比较小的时候，业务本身是大生态的参与者，可以以效率目标为导向，肆意生长。而当业务规模比较大的时候，业务本身就成了生态，一举一动都影响到生态中各种参与者的利益。

"先污染后治理，先发展后公平"，从只追求效率型指标，到开始兼顾公平型指标和污染型指标，是一个业务从荒芜发展到繁荣，从单边体系变成同时具有影响B、C端生态能力的必经之路。

更早地考虑业务的多元性，更早地开始兼顾多元的指标体系，才能够避免被"持续增长"的魔咒所裹挟，实现更有价值、更有质量的业务提升。

不止于推荐效率，更是变现效率

有这样一家颇具有悲情色彩的公司——趣头条。

趣头条，在 2016 年伊始就将游戏化的金币机制应用于资讯阅读领域，以农村包围城市的方式，快速收割下沉市场的用户。2018 年，趣头条实现了美股上市，上市时累计装机量 1.81 亿，月活用户 6220 万，用户日均时长 55 分钟。

上市的高光时刻，似乎也成了趣头条在用户规模方面的顶点。随着各大内容资讯客户端回过味来，采用一样的"金币+裂变+广告"的方式来争夺市场，趣头条的日活便开始起起落落落，走上一条下行的道路。

为了找到第二增长曲线，趣头条推出了米读小说，开始用"网络小说看广告免费读"的方式重新争夺付费意愿较低的用户市场。在一度取得亮眼的成绩之后，米读小说接连被字节跳动的番茄小说、百度的七猫小说超过。QuestMobile数据显示，2020年年末，在线阅读App行业日活跃用户规模中，番茄小说以 6162万位列第一，七猫小说以 5434 万位列第二，而此前率先突破千万DAU的米读小说未能进入前 10 名。2022 年 3 月，米读小说卖身阅文集团，给这一段故事画上了句号。

趣头条和米读小说，都可以说是颇具商业模式创新的应用，如果放在今天，说不定都可以套一个Read2Earn 的 Web 3.0 的壳子。只是，创新者昙花一现，宛若流星短暂地划过天际。

图4-8　米读小说和趣头条

为什么趣头条和米读小说会没落？

拙见两点：基础数据质量影响推荐效率、变现效率制约投放成本。

其一，基础数据质量影响推荐效率。

据我所知，趣头条并没有不重视推荐算法，它花大价钱挖来业内的团队进行模型的打磨和迭代。底层逻辑也非常明晰：通过金币机制把新用户留住，通过有效的内容消费完成新用户到老用户的过渡，最后实现补贴停止后用户也能留存下来的长线目的。

然而，这样的逻辑却有一个漏洞：金币机制极大地干扰了基础数据的质量。

对于推荐系统的训练，我们有这样一句话："Garbage In,

Garbage Out"。只有好的数据才有可能训练出好的模型参数，倘若基础数据里混淆了大量噪声，训练出来的推荐系统质量可想而知。

但是，在金币机制的加成下，显然难免遭遇用户的动机拥挤效应。用户为了赚金币而近乎无差别地消费内容，迎合系统的指标：

看完吗？可以，给金币就行。

点赞吗？可以，给金币就行。

分享吗？可以，给金币就行。

而阅读、点赞、评论、分享等这些本来应该有差异化、层次化的行为，恰恰是推荐系统赖以为生的基础数据。当基础数据变得面目模糊，我们又怎么指望推荐系统能够实现我们预期当中千人千面的理想效果呢？

这也是很多时候，我们其实不太鼓励以强运营的方式激发甚至透支用户的原因。这些短期被激发起来的用户行为或许能够一时做高虚荣指标，但是由此产生的用户数据，就会像污染物一样，长时间影响基础数据质量，甚至是生态质量。

• 创作者动机拥挤：在知乎供职时，我曾经询问过白斗斗老师，怎么看待仅基于内容消费数据对创作者的金钱激励。她的回复很明确：金钱大概率能够激发出合格的内容，但是很难激发出真正优秀的内容，知乎真正需要的，其实是那些优秀、有影响力的内容和创作者。

• 消费者动机拥挤：打折冲销量，似乎成了很多国产消费品牌做数据的不二法门，但是不断打折之下，消费者后续还会按照原价购买吗？他们是真的喜欢这个产品，还只是为了图便宜囤货？当价格回到本来的区间之后，还会有多少消费者为之买单呢？

追求用户真实有效的行为指标，保证推荐系统的输入数据质量，才能让两者构成正循环，让系统的齿轮缓缓运转，推动业务不断向前。

其二，变现效率制约投放成本。

趣头条的故事仅止于数据质量影响推荐效率，推荐效率制约留存效果吗？

显然不是。

通常，我们认为内容资讯产品的次日留存大于30%就尚可了，趣头条显然已经超过了这个阈值，不然也没那么容易做到千万量级的 DAU 规模。尽管和今日头条、百度相比，趣头条的推荐效果还有差距，但是比上不足、比下有余，其内容推荐体验还是高于行业平均水平的。

尤其我们考虑到推荐效率边际收益递减的因素，当我们从指标层继续将有效点击率指标、时长指标向上提升百分之一、千分之一的时候，我们已经很难收获更高的留存收益了。推荐效率的精益求精或许会拉开用户体验好和更好的差距，但是并不会直接影响产品的存亡。

当我们带入竞争格局来审视的时候，会发现趣头条选择了一个竞争激烈的大市场和一群商业化价值较低的用户。

一个竞争激烈的大市场，是指图文市场和小说阅读市场，都占据了大量用户的大量时长，市场内群雄环伺。

一群商业化价值较低的用户，是指靠金币吸引来、愿意点击某些低质广告的用户，其本身的商业化变现价值是相对较低的。

大市场里的异军突起，引来群雄的围追堵截，各种图文视频应用都出了金币版、极速版，和趣头条比着烧钱、抢用户，一步步抬高了趣头条的获客成本；而面对一群商业化价值较低的用户，纵然用户体量还不错，可是受限于客观较低的单位用户价值和尚不完善的商业化体系，这群用户能够创造的商业化收入显著低于其他相对更成熟的应用。

让我们算一笔账：

公司 A，次留为 50%，用户生命周期价值（LTV）为 6 元，存量用户规模为 1000 万，资本回收期半年；

公司 B，次留为 45%，LTV 为 7 元，存量用户规模为 3000 万，资本回收期 4 个月。

尽管公司 B 的产品体验略差，但是，架不住它有一部更高效的变现引擎（更完备的商业化变现体系、更高效的广告销售团队），更舍得花钱投放。

在公司间进行对比时，我们不仅需要计算用户生命周期价值是否能够覆盖用户获取成本，同时需要考虑整个收益回报的周期长短，即我们需要用多长的时间才能够从一个用户身上回收足够多的收益，再使用这个收益去进行二次投资、增长投放。这个周期拖得越久，对资金的需求规模就越大，从而对有大量资金储备的公司来说就越有利。

在上面的例子中，只要公司 B 愿意用 6 元以上的成本去市场上获客，迟早可以将市场拖入泥沼，将竞品耗到弹尽粮绝。

如果市场上各个玩家都有相同体量的资本，或许趣头条能够持续活下去，它在金币如何分发上积累下来的经验，确实能够帮助它更有效地控制留存成本。可是，真实的世界没有如果，背靠各家金主爸爸的应用，显然已经在存量用户上赚得更多，也愿意为增量用户花得更多。

和这些应用比起来，趣头条赚得只少不多，花得只多不少。这样的流血游戏，又岂是趣头条能够持续做得正、烧得起的市场呢？

本来，趣头条希冀的故事是：金币激励保证用户新增，用户行为积累推荐数据，推荐体验改善用户留存，变现成本高于投放成本。

可事实上，真实发生的故事是：

金币激励造成动机拥挤，动机拥挤影响数据质量，数据质量降低推荐效率，低质用户影响商业变现，变现效率制约了投放成本。

何以规避大公司的跟进复制？我和一个朋友聊到过类似的竞争场景。

我：你的产品和竞品相比，谁的效率更高？

他：我的，我的留存比它高 5%。

我：那为什么你的产品 DAU 也横盘了，不是理论上还有进一步提升的空间吗？

他：国内的应用分发情况你又不是不知道，我们的产品在某些渠道无法投放。

我：不过，多抛一个问题，你觉得这5%的留存差异重要吗？

他：在大家都有钱且舍得烧的情况下，似乎也没那么重要了。

诚然，作为相对较大的公司，每当我们想要切入一个细分市场的时候，绝大多数的口头禅都是："我们短期不赚钱，长期有耐心。"

即便我的用户体验没有竞品好，即便我的单位效率没有竞品高，但只要我能够承受更高的获客成本，就能够有效扼制竞品的增长，从而给自家产品追平体验、对齐效率提供充裕的时间窗口。竞争激烈的大市场里，存活下去的关键，或许不仅在于你做得够不够好，还在于你够不够有钱。

现在，角色换位。如果我们是一个小项目，一个小公司，似乎永远要面对这样一个问题：这个创业项目，如果腾讯/字节跳动/Meta跟进复制了，你会怎么办？

大公司的利器是市场占有率，是基础建设，是变现效率，而小公司的利器是市场洞见、迭代速度。

很多公司做出海的产品服务，发现逃不掉、避不开的两家公司就是 Google 和 Facebook，一方面，你的增长获客依赖于这两家公司，另一方面，你的广告变现也依赖于这两家公司。这就使得，除非你找到了更有效的低成本自增长方式，或是利润空间更大的变现方式，否则就只是用从 Facebook 上挣来的广告费，再花到 Facebook 上去买流量，徒然给巨头打工而已。

参考颠覆式创新的概念，或许应该去找到一个巨头瞧不起、看不上的边缘市场，深挖洞、广积粮，去做巨头们看不懂的生意，用巨头们不擅长的方式构建起自己的用户壁垒，等到那时，巨头们也啃不动、追不上了。

希望我们能够永远理想主义地去追求创新，也希望我们不要在现实世界里成为下一个趣头条。

本章小结

沉得下去也要抽得出来，当我们越来越聚焦在推荐指标、用户体感的时候，也需要时不时地跳脱出来，从更高的维度去思考我们对推荐的使用是否合适。

调度一款DAU千万的产品，在某种程度上就像是以上帝视角去设计一座城市、一个国家的运转方式。唯GDP论不见得会带来最优的结果，可能我们需要去考虑污染问题、二次分配问题、碳中和问题，等等。

当我们只考虑用户端体验的时候，更容易给推荐设定一个唯效率导向的指标：更多用户、更多消费、更大市场。但是，如果我们开始引入生产端的生态建设和利益分配，开始考虑平台的商业化变现诉求时，就会进一步补充污染型指标、公平型指标。需要以不同的目标来牵引我们的推荐算法，设定流量分发的方式。

能力越大、责任越大，这或许就是作为平台产品运营需要沉淀的思考和背负的责任吧。

第五章　与推荐协作

　　我不知道当蒸汽革命发生时，纺织工人是怎么面对那一台台冷冰冰、轰鸣不已的机器的。当看到一部机器可以轻松取代几个人、几十个人工作的时候，人们是否会有被替代的无力感。

　　我所了解到的，是当推荐算法越来越高深、越来越高效，取代了越来越多人工岗位的判断后，产品运营人员在面对产品设计、编辑人员在面对内容评价时所感受到的困惑。

　　然而，科技的飞轮永不停歇。蒸汽革命时代，我们不应该同蒸汽机比拼效率；在算法模型快速迭代的时代，我们同样不应该和算法比拼个性化和精细运营的能力。我们需要明确的是算法与人力之间的分野：哪些是推荐算法更擅长的，哪些是产品运营更擅长的，从而找到与推荐算法协作的更合适的方式。

　　推荐算法并不会淘汰人，只有善用推荐算法的人，才会淘汰那些拒绝使用算法的人。我们需要做出调整，需要不断学习，学习更好地使用算法。

推荐产品经理的自我迭代

从体验大我到接纳无我

对于产品运营这个行当，一直在提倡的都是"代入用户、理解用户"。

就像演员要扮演好一个角色离不开体验生活、体会角色一样，产品运营人员的日常工作一样离不开体验场景、观察用户行为、体察用户心态、洞察用户需求，从中抽离出共性最大化的部分，落地为产品决策。

一个经典的例子是张小龙的"秒变小白"理论。网传，他曾在一次分享中提及"秒变小白"，指的是可以变成小白用户的速度。据说乔布斯在 1 秒内可以让自己变成"白痴"用户，马化腾需要 3 秒，他自己需要 5 秒。是 1 秒变小白还是 5 秒变小白，都已经是大神的维度，无须过多讨论。

值得关注的是，为什么从产品体验出发，我们强调产品经理需要具备秒变小白的能力呢？

本质上，还是从数据出发的决策方式。因为从用户占比的角度来说，小白用户永远是用户群中占大多数的。把握好小白用户的需求，就等于抓住了目标群体的共性需求，从而能够做出适配度更高的产品决策。所谓秒变小白的过程，就是一个放弃专业产品经理角色小我，体验用户受众共性大我的过程。

但是，当面对推荐系统的时候，我们会发现：把握共性已经不够了，因为推荐系统已经有能力去刻画个性了，所以产品运营人员也需要更多地接纳在自己认知之外的用户需求。

我们无法要求产品经理能够在感性上共情各种小众群体，但我们至少可以从理性层面，在大众群体之上看到更多小众群体的存在。

"存在即合理"，我们可以适度地放弃自己的价值判断，而更多地从数据指标的角度去衡量产品是否合理。

以内容推荐为例，无论是内容的准入，还是内容的推荐，都在从共性化变得越来越个性化：

- 在内容准入层面，编辑准入的方式是最常见的方式。如果我们的系统分发能力有限，那么这样的准入方式是合理的。而当我们的系统引入了推荐算法，分发能力极大提升之后，我们相应地需要更多的可分发资源。在这种情况下，我们就需要允许红线之上的内容能够被发布出来，从而让更多内容有面向用户的机会，接纳更广泛用户的投票和筛选。

- 在内容推荐层面，我们除了基于专家系统的分类，还可以基于数据表现聚类和发现更多的内容品类。通过用户行为来发现更多可能的内容方向。以我个人为例，我一直无法欣赏大胃王的内容，但是并不影响这类视频在相当长的一段时间里吸引着特定用户群的关注。

在日常工作中，我经常建议团队里的同事去换视角看看。随机抽取用户的 ID 去回溯用户的历史使用记录，去看看他们点击了什么、消费了什么；基于聚类数据，去看看小众聚类下究竟是些什么内容或商品。这种透过随机用户视角去体会产品的过程，往往能够极大地加强我们对世界多元性的认知，降低无用的自负。

比如，在做蓝领招聘业务的过程中，我学习到一个词叫作"挂逼保安"。何为"挂逼"？语出三和大神，指的是对工作失去信心，缺乏特定追求，以日结日清为导向的工作人群。这个群体显然不在我们主流的招聘场景视角内，但通过提供日结、短期工等工作机会，便能够满足这类型用户的体验。

如果将用户群视作在一个正方形内，那么产品运营人员的从小我到大我，就像是从一个小圈成长为一个大圈，让我们得以共情更多的用户。从大我到无我，就像是我们看到了在正方形之内，大圈没有覆盖到的地方，还容纳着很多小圈，我们可以通过对数据的观察分析，去给这样的用户提供服务。

从体感驱动到数据驱动

在传统的岗位定义里，对产品运营人员的要求是需要具备业务视角和用户洞察能力，通过代入用户、和用户共情，从而将用户的真实需求挖掘出来，并抽象成产品运营方案。

但是，当我们的产品越来越多地搭载上推荐引擎之后，产品运营人员就不仅需要理解人，同时需要了解机器：不再是拍脑袋做功能，而是以基于业务情况制定推荐目标，基于数据驱动推进产品迭代。

数据驱动的产品迭代可以分为四个步骤，我们逐个进行介绍。

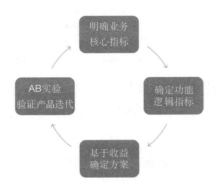

图5-1　数据驱动的产品迭代分为四个步骤

第一步，明确业务核心指标。

一如目标与关键结果法（OKR）所指出的，我们需要以可量化的关键结果（Key Result）来量化我们的目标（Objective）。只有可量化的指标才能够促使多部门跨团队达成共识，并从不同角度进行协作和优化。

对于不同阶段、不同形态的业务来说，核心指标各不相同：

• 对于信息流产品，可能是用户的有效点击量和列表点击率；

- 对于社交类产品，可能是用户的关系数，以及围绕这些关系的生产量和消费量；

- 对于直播类产品，可能是用户的观看时长，关注的主播数量。

之所以将明确核心指标放在第一步，是为了保证产品运营人员的动作不变形，不是为了做而做。每当提出一个想法的时候，都应该自我审视一番：所提出的功能，是否直接或间接促进了核心指标的提升。

通过这种方法自我校验，不仅能够避免一叶障目，只关注局部功能改进而忽略全局指标提升的问题，也可以在一定程度上遏制为追平竞品，盲目给自己的产品画蛇添足的尴尬。

我经历过百度和 360 之间的搜索引擎大战。

彼时，竞争压力的乌云笼罩着团队里的每一个同事，我们每周都需要和竞品进行各种维度的对比。渐渐地，大家的动作就开始变形了，不再是从自身产品场景和用户特点出发思考迭代方案，而是亦步亦趋地观测对手做了什么，我们如何跟进。团队中甚至形成了一种"宁肯犯错、不能错过"的思想：别管竞品的新功能到底有用没用，我们先跟进对齐准没错。

于是，就出现了戏谑的一幕：在我们的新版本里，拷贝了竞品上一个版本的功能A，下线了一个自己验证无效的功能B；而在竞品的新版本里，下线了我们刚刚拷贝上线的功能A，上线了我们刚刚验证无效下线的功能B。数据结果证明，无论是功能A还是功能B都是负向的，我们只是在无脑的竞争当中，刷了一轮工作量。

几年之后，我和负责竞品业务的产品经理在一个会议上偶遇，当大家聊起那段"互相借鉴"的时光，不无感慨："如果放弃了独立思考，不从自身核心目标出发做产品，产品运营的工作只会徒劳无功，抄成一个四不像的样子。"

第二步，确定功能逻辑指标。

对于大多数产品经理而言，我们的日常工作往往只负责一两个具体的功能模块。我们就需要从自身业务半径出发，向内看，明白自身的功能逻辑和存在意义；向外看，明确它和核心指标的关系是什么；向前后看，业务的上下游是什么。

以产品的注册登录功能为例，我们试图依次回答上述三个问题。

问题一，向内看：功能的内部逻辑是什么，怎么做能够提升登录转化率？

注册登录功能的逻辑很简单，通过用户注册或登录，将一个装机用户变为一个注册登录用户，从而完成更有效的积累。第三方联合登录的方式，系统为用户创建唯一的用户ID，并以此进行用户身份的识别。

目前国内的主流应用都提供了多种登录方式，常见的有手机号、微信登录，iOS苹果账号登录等。通过竞品体验，会发现不同App的做法各异：

• 爱奇艺：默认手机号登录，点击"更多登录方式"才提供弹出框选择更多登录；

- 得到：并列提供微信登录和手机号登录；

- 今日头条：并列提供手机号、微信、QQ、微博登录；

- 豆瓣：优先提供手机号、邮箱登录，页面下方提供微博和微信登录；

- 腾讯新闻：只提供QQ、微信登录。

哪种方式对我们的产品来说更好呢？我们既可以通过调整页面的元素布局，也可以尝试不同的登录方式顺序来提升页面内的登录转化率。比如，移动、联通、电信都提供了基于运营商数据网络的快速登录，预期可以进一步降低用户的输入成本。通过AB实验的方式，我们能够切实地了解通过这种方式可以带来多少登录率的提升。

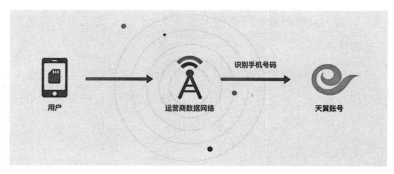

图5-2　运营商提供了基于运营商数据网络的快速登录

问题二，向外看：登录功能和核心指标的关系是什么？

从业务逻辑角度理解，登录能够让系统更好地识别目标用户，通过唯一的用户ID串联起用户的多台设备（个人电脑、平板

　　　　　　　　　　　　　　　　　　　　推荐连接万物

电脑），从而更好地累积用户行为，提升用户的点击、时长。

从数据分析角度校验，我们也能够发现，登录用户的行为数量、留存情况通常都显著好于未登录用户。

那么，我们可以推导出：提升登录率是有助于提升业务核心目标的。在负责登录这个模块的时候，我们就可以聚焦在登录规模这个指标进行优化。

问题三，向前后看：业务的上下游是什么？

我们常说流量、流量，如果将产品想象成一条大河，我们的业务环节会在什么位置呢？哪个上游来源的流量更大？哪个来源的转化率更高？我们应该将自己的业务环节嵌入怎样的应用过程里，才能够更多地、更有效地利用流量？

仍然以登录功能为例，如果我们在一打开应用就弹出登录框，就选择了流量最大的入口，但是转化率未必高，即选了大入口但浪费也很严重；如果我们结合用户的主动做功场景引导，如关注、评论、下单等，流量入口相对较小，但是转化率也相应变高。

从登录弹窗的曝光规模和对应场景下的登录转化率出发进行综合衡量，我们就能够逐渐收敛出那些更符合用户使用场景、更有效的登录时机。

第三步，基于收益确定方案。

产品运营的日常工作就是不断地发现问题、解决问题，永远能找到可提升的空间，可改进的方案。但是在诸多方案中，我们应该优先选择哪一个呢？一样可以用数据来衡量。

在实践过程中，我收敛出了一个公式：

方案收益＝方案影响面×影响程度

即我们可以通过预估收益来决定方案的优先级：要么，我们应该优先做那些能够影响很多人的功能；要么，我们应该做那些能够深度影响一小群人的功能。

举例而言，如果我们要在关注动作、评论动作和下单动作之后增加登录引导，那么就应该基于影响面来评估三个场景，哪个动作的使用规模更高、影响面更大，我们就应该优先做哪一个场景，从而能够让更多人看到登录框，进而完成登录操作。

又如，假使我们的产品在密码找回方面有漏洞，可能会使换手机号的用户无法找回自己的账号，就属于影响面不大但是影响程度很深的情况，所以应该优先排期。

第四步，AB实验验证产品迭代。

当确定了产品想法后，我们就可以通过产品方案落地，并以AB实验的方式来验证方案到线上是否会有正面的效果。

对于那些有一定影响面的功能，因为用户规模大，我们可以关注功能指标是否有置信的提升；比如，调整了页面布局，增加了流量入口等，理应都会从功能的核心指标上体现出差距。

而对于那些追求影响程度的功能，因为用户量级比较小，我们可能很难从绝对指标上看到变化，就需要深入目标用户，去观察其主观体感是否有所改进，我们是否真的解决了问题。通过圈定特定目标群体，我们可能可以从功能使用量、投诉反馈量的角度看到数据指标的差异。

数据，是驱动推荐算法训练的燃料；目标，是指导推荐算法迭代的方向。

回溯上述四个步骤，我们依次确定了：核心指标是什么、功能逻辑与核心指标的关联、功能指标的影响因素、产品方案对影响因素的贡献以及用AB实验的方式验证产品方案。通过这四个步骤，我们就能够让数据贯穿业务迭代的始终，以更可控的方式推进业务的迭代。

从线性规则到深度学习

在实际的业务场景中，产品运营人员最容易输出的就是线性规则的策略产品方案，他们往往符合If-Else结构："如果用户满足了条件A，系统触发动作B。"

以收藏场景为例，我们如何基于收藏的动作来促进GMV提升呢？最先想到的是：如果用户收藏了商品，那么就在后续的信息列表里对用户进行该商品的重复推荐，以促进用户的购买转化。

在这样的规则方案中，我们画定了一条线，把特定场景下的用户分为两类：

• 一类用户符合我们的条件（收藏了商品），被归类为应该激发后续动作的A；

• 另一类用户不符合我们的条件，被归类为不需要触发后续动作的B。

我们可以近似地理解，图 5-3 中的图形代表了用户，圆形是目标用户，方形是非目标用户，我们需要找到一条直线（制定的规则）来尽可能地将圆圈和方块区分开来，以便分别进行处理。

然而，凡事总有例外，简单的线性规则并不能很好地解决复杂场景。以图 5-3 为例，我们的线性规则，就没有完全将圆圈和方块划分开，仍然存在误划分的问题。

以我们之前制定的规则"如果用户收藏了产品，就在后续的信息列表里对用户进行商品推荐"为例，很可能出现边界情况。用户购买了商品后，并没有将商品移出收藏夹，结果信息流里还在源源不断地重复推荐。引得用户吐槽：我家里真的不需要两台电冰箱啊。

为了修正这些问题，最直观的想法就是进一步细化叠加规则，即不断地给规则"打补丁"。

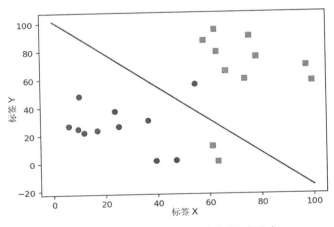

图5-3　以线性规则区分目标用户和非目标用户

- 用户有没有收藏产品？
  ○ 没有收藏 → 结束；
  ○ 有收藏的情况，用户有没有购买产品？
  ■ 没有购买 → 在信息流中给用户曝光同款商品，并配合促销、收藏标签；
  ■ 购买了，用户购买商品的行为是否在一周内？
- 超过了一周 → 结束
- 购买行为在一周内 → 在信息流中给用户推荐关联产品。

图5-4　根据实际情况细化叠加规则

在这一版更复杂的规则中，我们分别选取了收藏动作、购买动作、购买行为的时间远近作为参考因素，以决定是否给用户推荐，是给用户推荐同款产品还是关联产品。

当然，如果愿意继续深挖，上述规则还可以考虑更多因素，从而追加更多判断条件：

- 如果商品是复购型产品（如饮料），那么可以每间隔一段时间就重新推荐；

- 如果商品价格偏高且收藏了一段时间，则给用户发放优惠券促进消费。

仅仅是一个收藏场景的再推荐，就叠加了诸多因素，从而变得复杂。当我们面对更多用户、更复杂场景的时候，还会不断添加更多的规则。大系统的陈年规则策略集合，就这样一步一步变得复杂而冗余。当年，百度广告系统凤巢负责维护一套专家规则系统，巅峰时期系统里录入了上万条规则，有一个近50人的团队专门负责维护这些规则。

可是，人力终有竟时，当面对这样一个庞然大物时，专家也无法再往里添加规则了，不知道每添加一条规则是否会和原有系统有冲突。当人的分析能力达到了极限，这便是开始引入机器学习这个机器大脑的契机所在。

从人脑维护的规则集合升级到机器维护的规则集合，就引出了决策树模型。

类似我们上面描述的决策过程，我们考虑了如"收藏、购买、行为时间、商品是否适合复购"等诸多因素，并人工梳理出了各个因素的判断条件先后。而当使用决策树模型时，我们就可以将更多考虑的因素告诉机器，让模型基于在历史数据上的回测，得出这些决策条件节点应该如何排列组合才能带来最优的判别顺序、最优的预测结果。

以挑一个好西瓜为例，一棵简单的决策树可以如图 5-5 所示，包含 5 个判断节点。

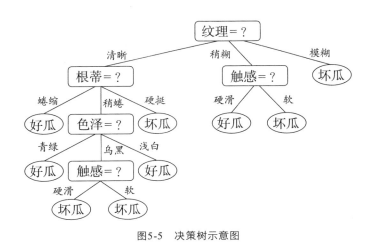

图5-5　决策树示意图

　　　　　　　　　　　　　　　　　　　推荐连接万物

尽管决策树模型能够处理非常多场景了，但是程序员们仍然不满足，希望能够进一步提升划分的准确度，模型就发展到了当下使用广泛、逻辑更为复杂的模型，如神经网络模型：在输入层和输出层之间，夹杂了多层的隐藏层。每一层都包含多个节点，节点和节点之间产生连接。

如果说我们还能勉强理解决策树的示意图。当我们面对神经网络的模型图时，就会发现节点和节点之间多对多的关系已经到了人力无法解释的地步，节点和节点之间究竟发生了什么？每一层的节点究竟起到了怎样的作用？判断了怎样的条件？

请不要为难算法工程师，他也没有办法给你解释在"机器学习炼丹"的过程里，那些隐藏层的节点上究竟发生了怎样的判断逻辑，只能负责任地告诉你："在我们的训练数据集合上，这个模

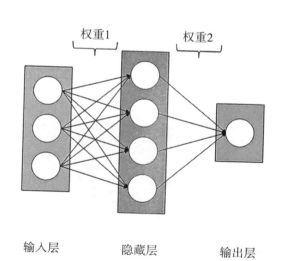

图5-6　神经网络模型图

型的表现更好，更贴近训练目标。"

到了大语言模型（LLM）大行其道的 2023 年年底，我们一边在应用各种生成式人工智能工具（AIGC）帮助我们完成如文本生成、图片生成、文本纠错、翻译等更复杂的工作，一边意识到：我们更难理解大模型的工作机制了。尽管你可能听说过，大语言模型的工作本质就是"预测下一个词"，但是，它究竟是如何预测的？为什么要预测出这个词而不是别的词？想要其中的确定性答案，恐怕地球上没几个人能够回答了。

尽管不能回答出大模型的工作原理，但这并不影响产品运营人员基于技术能力创造出如刷屏的妙鸭、用于PDF理解和摘要生成的ChatPDF、用于生成商品图的灵动AI等产品。如图 5-7 的灵动AI，用户上传自身产品图后，选择自己想要的商品背景，大模型就能够合成出包含产品的商品图。

从单一的线性规则到复合规则的组合；从复合规则的组合，到引入决策树交由机器管理更多、更复杂的规则；从尚能理解的

图5-7　用大模型合成商品图

决策树模型，再进化到更加复杂的深度学习、大模型。我们会发现：尽管算法带来的效果越来越好了，创造的想象空间越来越大了，但各种算法机制对我们来说正在从白盒变成黑盒，其运行机制的可解释性正在变得越来越弱。

不理解如何生效，但依然要与之协作，这就是今天产品运营人员需要面对的课题。

只有承认了"算法依赖数据集合和训练目标进行工作"这条定律，接受了"算法工程师也不知道结果是如何输出的"，才能够让我们更加抽离地面对算法，不再执着于将黑盒搞明白，而是将更多的精力放在如何与算法协作的课题上。

就像我们并不清楚发动机的工作原理，但并不影响我们驾车纵情四海一样。

从理解概率到深挖负例

即便算法进化到了机器学习阶段，它依然会犯那些在人类看来显而易见的错误。

比如，当一张狗的图片叠加了噪声数据后，人类依然能够一眼识别出狗，可是算法系统就会将其判别为鸵鸟。

事实上，这种从人类视角看上去显而易见的错误还有很多。

比如，特斯拉自动驾驶的"幽灵刹车"事件。很多车主在网络上抱怨，特斯拉在自动驾驶的状态下，会在车前没有障碍物的时候突然刹车。事后，一些幽灵刹车场景被复现，人们意识到可

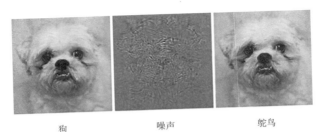

狗   噪声   鸵鸟

图5-8　噪声的干扰会使得算法系统误判

能是特斯拉的视觉识别系统错误地将投射到地面的灯光或远处的灯光视作了交通信号。

又如，来自加州大学伯克利分校的著名人工智能专家宋晓东就展示了对自动驾驶系统的攻击。如图 5-9 的指示牌，明明写着"STOP"，可是仅仅贴了几个黑白胶带条，自动驾驶系统就错误地将其识别为限速 45 公里的限速牌。

即便是进入了大模型时代，我们发现GPT-4 依然存在所谓

图5-9　贴了胶带条的指示牌使得自动驾驶系统误判

"反转诅咒"的现象：尽管模型在训练时习得了"A 是 B"这种数据，但是它并不能准确地反转推导出"B 就是 A"。举个例子，大模型的数据集合里包含"达芙妮是《时光之旅》的导演"这么一条数据，当你问它"达芙妮是谁"时，它会做出正确的解答；可是当你反过来问"谁是《时光之旅》的导演"时，模型就蒙了，无法给出正确的答案。

为什么会出这样的问题？这些不是显而易见的错误吗？

先等等，作为算法时代的产品运营人员，我们首先需要建立"概率"的认知：这个世界是被概率支配的。

在体育赛事里，这个概率就是球队胜负的可能性；在天气预报里，概率就是明天的降水可能性；在星座分析里，概率就是处女座严于律人、宽以待己的可能性（我自己就是处女座……）

只有理解了概率，我们才会认知到：算法追求的是统计概率上的群体最优解，而非局部感官体验上的个体最优解。换言之，算法有可能在一次数学考试中做对各种复杂的大题，获得 99 分的高分，但是与此同时，它的扣分点在于做错了那道 1+1 的简单题。

我们在考量算法模型每一次的迭代是否正向的时候，同样不取决于个体体验，而是取决于在 AB 实验下群体的表现和特征反馈是否变好了。只要群体意义上的指标变好了，那么在当下的标准下模型迭代是正向的，是可以被接受的。产品经理可以专向地去处理负例，深挖问题，补足自己的业务认知、覆盖算法遗漏的信息边界。

所以，当我们完成产品迭代，看到负例的存在时，需要的不是过分感叹"算法是不是脑袋秀逗了，为什么会犯这么简单的错误"，而是依次思考如下几个方面。

1. 负例的影响范围：负例的存在是普遍现象吗？或者是某一类群体中普遍存在的吗？

2. 负例的影响程度：对被影响的用户而言，他们的体感损失大吗？

3. 后续的纠正动作：暴露的问题要不要解决，要如何解决？

不难看出，这个思考角度和我们决策是否选用特定产品方案时的思路是一致的。

$$负例损失 = 负例影响范围 × 负例影响程度$$

影响范围大小，始终是我们产品决策的重要出发点之一：偶发的单点负例可以容忍，系统性的负例必须得到关注。如果在模型迭代后，新产生了大量负例，或是针对某类用户产生了大量负例，就说明系统在迭代过程中可能忽略了某些维度的考量，造成了部分群体受损的情况。

一个常见的问题是：推荐系统过于偏向于高热、普适的内容，从而影响了特定用户群的体验。

• 相亲交友场景下，给多数用户推荐了少数高热的用户；

• 内容消费场景下，给严肃新闻用户推荐了太多泛娱乐化的内容；

• 电商场景下，给高消费水平的用户推荐了过多促销款的商品；

- 招聘场景下，给高端候选人推荐了薪酬较低的岗位。

出现这类问题的原因也比较好理解：一方面，小白用户往往是用户群中占比最大的、行为密度最高的；另一方面，系统内的高热内容往往由群体投票决定。这就使得，在不细拆人群的情况下，我们所得到的内容或商品是更容易被大多数人投票所决定的。如果系统过度追求全局核心消费指标的增长，而忽略有消费行为的用户占比或消费的不同分位点情况，就会使小众群体的列表被大众群体所裹挟，使用体验不佳。

在评估完影响范围后，就需要进一步评估负例的影响程度。不同的负例，给用户的感官影响是不同的，存在一些极端的场景：

- 在招聘场景下，给用户推荐了殡葬业的工作。无论这个岗位是怎么协同出来的，在中国的文化语境下，对于用户来说都是一种伤害；

- 在内容推荐场景下，车祸类视频也是一类受众两极分化的内容，给不喜欢看这类视频的用户推荐此类内容，会引起用户极端的反感。

通常，我们可以参考用户反馈的量级来评估特定案例的负向程度。因为绝大多数的用户是沉默的，如果有用户通过客诉通道集中地反馈某一类问题，那么就意味着这类问题已经到了非常严重地影响用户体验的程度了。

基于影响面和影响程度的评估，我们就可以来讨论负例处理的优先级顺序和处理方法了。

对于在特定群体上的负例，我们可以通过补充特征或划定条件的方式，来标记出此类用户，再针对此类用户进行召回、排序层的处理，举例而言：

问题 1：招聘场景下，给资深求职者推荐了初阶或方向不符岗位的情况。

解法：基于求职者的工作年限和收入情况来划定"资深"的求职者，对这类型的求职者不推荐薪酬偏差较大的岗位，提升"工作方向"等关键词的匹配程度。

问题 2：内容消费场景下，给严肃新闻用户推荐了太多泛娱乐化的内容。

解法：基于用户过往消费习惯（如发布者的权威度属性、发布者的聚集程度等特点），提升信息源的权重，从而使严肃新闻用户能够更多地看到他关注的权威媒体所发布的内容。

问题 3：电商场景下，给高消费水平的用户推荐了过多促销款的商品。

解法：基于用户在不同商品分类下的消费行为，分别构建或综合构建消费画像，从而确定用户的消费属性。基于用户的消费水平属性，推荐对应商品分类下特定价格区间的商品。

对于影响程度比较大的负例，我们通常以规则的方式，标记出影响用户体感的内容或商品，在干预层进行降权处理。

问题 1：给用户推荐殡葬行业的工作。

解法：前置标记出殡葬业的工作，只对有从业经验的用户进行推荐触达，对没有相关行业从业经验的用户只进行搜索触达，不做主动的推荐或推送。

问题2：给用户推荐车祸类的视频。

解法：前置标记出车祸类的视频，只对点击预估大于一定阈值的用户进行探索，若用户对于此类视频表现出了负向反馈（不点击、点×），则进行降权的处理，拉长下一次探索的周期间隔。

因为推荐算法追求的是全局的指标最优，就势必会在某些场景下出现判断错误，从而产生负例。产品运营人员应该正视：负例是必然存在的，通过评估影响面和影响程度，制定相应的解决方案，修正边界情况，才能与算法协作，有效提升整个系统的用户满意度。

如何正确地开设实验

有这样一则故事，通用汽车公司邀请外部工程师帮助定位发动机的问题。工程师研究了一会儿后，在这个发动机的外面画了一条线，让通用汽车公司的员工将这里面的线圈剪掉，换成一个新的。果然，按照这个方式，发动机问题得以解决。

当被问及费用的时候，工程师回复：1万美元。

通用汽车公司的人听到后吓了一大跳，问他是怎么计算费用的，画一条线怎么会这么贵？

工程师回复道：画一条线收费1美元，但是知道在哪里画这条线收费 9999 美元。

这个回答何等自信、何等骄傲，对于产品运营人员的日常工作来说，不也正是如此？

我们真正值钱的并不是写需求、写方案、组织会议进行跨部门沟通的能力，而是正确地发现问题、定位问题、推进实验、推进改进的能力。只有更好地了解推荐的机制、实验的特性，才能够减少无效的试错过程，提升知道"在哪里画线"的业务判断力。

找准目标人群，不做大水漫灌

如前述章节所言，搜索行为作为用户的主动表达，将其引入推荐信息流当中，能够显著满足用户的短期偏好。但是在应用的过程当中，我们还是会碰到这样或那样的问题。

比如，用户搜索了具有特定功能性的商品，如"成人纸尿裤""变色太阳镜"等商品。但是，在后续推荐过程中，我们没有很好地识别和捕捉用户搜索词的方向性，如"成人""变色"等，使在推荐流当中，给用户推荐的都是儿童纸尿裤和普通的太阳镜等。

为了解决这个问题，产品经理开设全局实验，在用户的推荐流里增加了一路关键词召回，使用用户的完整搜索词，如"成人纸尿裤"进行扩召回，但是没有收获明显的效果。

为什么看似合理的方式却没有结果呢？

一个原因在于：实验开设得过于泛化，没有找到目标人群。

在我们的用户群中，大面积用户群A都是使用通用类别词搜索的，如纸尿裤、太阳镜，只有少量用户群B才使用"限定词＋类别词"的组合。

对全量用户都增加关键词召回，相当于实验同时开设在了用户群A和用户群B上。实验效果也就变成了：（A_Diff+B_Diff）/（A+B）。当用户群A的规模远大于用户群B的时候，整个结果是由A决定的，而非由B决定的。但是，A的搜索词等于类别词，并没有什么信息增量，这就使得我们的实验开设无效，大群体的波动盖过了小群体的变化。

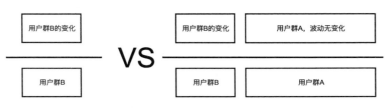

图5-10　明确目标用户，才能得出准确的实验结果

每个实验都是有切入点的，只有找准切入点，避免大而泛化的大水漫灌，才能有的放矢。

以这个实验为例，只有前置先明确目标用户是谁，通过特定的规则"搜索词包含类别词或搜索词的长度大于一定阈值"，才能筛选出检索了"限定词＋类别词"组合的用户。后续再针对这批用户进行统计和分析，才有可能做出差异化的结果。

该看率还是该看量？

在梳理周报的时候，发现其中提到某个实验因为转化率下降的原因需要下线。但是细拆之后，发现另有玄机。

实验通过引导用户多做功的方式，激发用户进行更多的刷新和查看操作，正因为查看操作变多了、分母变大了，使得购买/查看的转化率降低了，所以得出了实验下线的结论。但是，对于业务来说，我们激发用户多做功的目的是什么？是购买。所以，真正应该用于衡量这个实验的准绳是用户是否有更多的购买行为，而不是过程中的转化率。

这种只看单一漏斗转化率指标，理解错实验结果的情况，在日常实践中并不少见。

当业务进入成熟期后，业务的流程和漏斗已经相对明确和固定，每个产品运营人员也都有了自己负责的业务环节。业务环节中的漏斗转化率，就慢慢成了产品运营人员的唯一指标，大家通过观察转化率的提升或降低，来决策实验是否为正向。

但这样的决策思路恰恰忽略了一点，那就是我们的改进往往有两个方式：扩大层级的规模，提升层级间的转化率。即要么扩大量，要么提升率。

如果只盯着率来优化，那么很多引导用户多做功的方式就会在实践中被忽略，如：

• 通过提升推送频次，召回更多的用户，但召回转化率会下降；

- 通过提升相关推荐的容量，曝光更多的资源，但是点击率会下降；
- 通过提升用户的消费时长，但是随着用户消费时长的提升，其曝光转化率会缓慢下降；
- 通过投放带来更大的用户规模，但是新用户留存会下降。

业务究竟该看率还是该看量？如果一定要做二选一的话，我个人的结论或许还是量。

$$结果值=初始值 \times 转化率$$

无论我们怎样优化各个环节的转化率，最终追求的目标仍然是结果值：更大的用户规模、更大的消费规模，才会带来更大的价值。

关注特定样本而非普适群体

有这样一个实验：我们通过冷启动环节的问询收集用户的表述，并基于用户选择来影响信息流的偏好。在实验的分析报告中，我注意到有这样两句话：

将用户划分为小白用户和高级用户，其中小白用户侧无明显收益；

将用户划分为冷启动用户和非冷启动用户，非冷启动用户侧无明显收益。

于是，我和对应产品同事讨论："我们的实验预期是什么，为什么会预估主动表达在小白用户和非冷启动用户身上有效果呢？"

从用户构成的角度，对绝大多数的应用来说，其主流用户必然是小白用户：一方面，他们说不清自己喜欢什么；另一方面，他们的消费偏好大概率趋于热门和普适。在这个前提下，我们想要基于小白用户的表达进行偏好加权，显然不会得到附加收益。只有那些更"挑剔"的高级用户，才会更清楚自己想要什么，倾向于自己的表达，更忠于自己的选择。一如 2013 年谷歌关闭 RSS阅读器Google Reader，虽然网络哀号一片，但真正使用RSS服务的，永远只是互联网上的小众群体。

从用户理解的角度，我们一直强调"只看怎么做，不看怎么说"。只有在冷启动阶段，用户的行为不足时，我们才会参考可信度不足的用户表达；一旦累积了足够多的用户行为数据，那么用户的真实选择能够提供更加置信的参考。如果我们还固守在"用户说他喜欢什么"，无异于用规则和算法对抗，得不到好的结果。

我们需要明确的是，推荐算法为了追求全局的数据最优，大概率是趋于热门的，整体的模型数据会更趋近绝大多数人的选择。在这种前提下，产品运营人员想要发现问题，就应该去关注那些算法忽略的特例群体，找出具有内聚性的特定样本。比如：

- 在内容推荐场景下，严肃内容的消费用户会偏好特定信源和品类的内容；
- 在求职推荐场景下，金领用户会更偏向符合自己过往从业经历的岗位，不会轻易转行；

- 在商品推荐场景下，风格倾向性用户在品类下会倾向于选择特定风格的服饰装扮。

对于很多进入成熟期的业务而言，关注有规模的特定样本而非普遍群体，往往能够找到更多可以优化的业务切入点。

如何高效地与算法协作

放弃效率之争，输给阿尔法狗不冤

1997 年，深蓝战胜了国际象棋大师卡斯帕罗夫。事后，卡斯帕罗夫道："1997 年是一次不愉快的经历，但它帮助我理解了人机协作的未来。"

2017 年，阿尔法狗战胜了围棋大师柯洁。在谈及 "AI 是不可战胜" 的时候，他坦然地说："我这辈子是做不到了。"

2023 年，Midjourney 的画作大行其道，ChatGPT 不仅能写文案、剧本，甚至还能写代码。

我们不禁思考：还有什么工作是 AI 不能替代的呢？在算法具有如此强大能力的情况下，人类又能够做些什么呢？

作为一名有技术背景的产品经理，我坚信的是：在给定的框架和目标下，算法的效率一定是远远高于人类的。以图 5-11 为例：

- 产品经理最直观能够想到的策略如图中直线，简单但覆盖

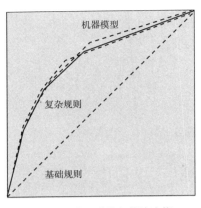

图5-11　人工决策与算法决策

面积小；

• 为了提升覆盖面，我们可以在策略上增加许多分支判断，从而构成了图中的折线；

• 而只有引入机器模型，才能够实现图 5-11 中的虚线，以更高的复杂度覆盖到更多的精细化场景。

援引戴文渊的一段经历："2009 年我加入百度的时候，所有的搜索、广告都是专家规则系统，当时规则数写到了将近 1 万条，都是资深广告领域的业务专家写出来的。后来，我们用机器分析数据，最后把广告的规则写出了 1000 亿条，比人写的 1 万条做得更精细，所以最后带来了 4 年 8 倍的收入提升。"

既然火车已来，就真的别再执着于你的宝马良驹了。不管你认不认可，机器学习大面积取代人工判断的时代，来了！

如何与算法协作？

建立起概率的认知，明确算法不是万能的；建立起效率的认知，明确人工规则是不可能超越算法的。我们就可以更心平气和地思考：产品运营应该如何与算法协作，才有可能带来业务上的收益。

我个人的观点是：明确迭代场景、保底方案验证、定义算法目标和数据、评估算法结果。

明确迭代场景

产品业务不能脱离场景而存在，用户的行为动作也不能脱离场景而发生。所以，场景始终是产品经理最应该琢磨的事情。

自设计者的角度来看，"用户 × 时空"能够划分出各种各样的子场景。这也有利于我们将一个宏大的命题拆分为多个具体的、独立的子问题，逐个击破。

• 从生命周期来看：从新到热有什么空间？新内容、新品类、新用户、回流用户、活跃用户是否分别有可以迭代的空间。

• 从用户群体来看：不同的标签下有什么空间？体育类、内容类，是否可以有不同的分发特点。

• 从功能场景来看：在推荐、搜索、筛选等不同应用场景下，应该呈现出的差异是什么？

自策略迭代的角度来看，算法在优化过程当中，往往存在有偏颇的情况，比如为了极致优化目标A，导致其他的目标有损，我们可以在不同的子目标里找到业务改进的空间。

比如，目标设定的是优化用户的阅读完成度，那么机器执行后最直接的结果就是只推荐短文，一屏展现完毕，点击进去就有100%阅读完成度。这结果显然不是我们想要的，为了优化，我们就需要进一步修正目标的设定方式，比如内容至少要大于多少字，对哪些内容可豁免（如快讯）等。

保底方案验证

在很多场景下，我们不需要一步到位地引入算法迭代，而可以通过首先上线人工规则的方式，进行保底方案的设计和验证。

一方面，在有了保底方案的数据验证结果之后，我们就能更有力地说明自己的收益规模，从而更容易推进后续算法的迭代。另一方面，机器的优化不是一蹴而就的，在机器算法未完善前，产品应该能够给出一个保底的方案作为基线参考。

以反低俗项目为例，在模型识别效率不高的时候，我们可以通过正则表达规则、用户举报反馈、数据异常波动复审等方式，拦截一部分低俗内容。并以此作为基线方案上线，保证用户的基础体验，留给机器学习和优化的时间。

定义算法目标和数据

回顾这句话：在我们的训练数据集合上，推荐模型能够更贴近训练目标。

当我们将算法应用于具体场景时，实际上就是在一个不断划分目标群体与目标场景，不断设定更有针对性的目标，完善相应的输入数据的过程。从而使算法能够更好地在多场景下，拟合我们的目标值。

推荐连接万物

以订阅制为例，可以将用户划分为两类：

• 对于未付费的会员用户，我们的关注点是如何用更有吸引力的商品、更低门槛的价格吸引他尝试；

• 而对于已付费的会员用户，我们的关注点则变成了如何让他更多地消费，从而让他觉得值并持续续费。

那么，在算法目标上，未付费的用户更适合设定转化目标，而已付费的用户则更偏向消费规模和消费时长的目标。

在定义清楚目标之后，我们也需要充分地准备数据，如不同用户在付费前、付费后的内容消费行为数据，不同内容对付费转化的贡献等数据，供算法进行学习和判断。并在该过程中，注意数据的清洗，不至于掺杂了过多的脏数据。

评估算法结果

算法的学习是基于训练数据的，是否真的好，还需要上线见真章。产品经理不要试图证明自己是对的，而是需要追求结果是对的。

所以，产品经理对于结果可以更加开放，用平常心接受AB实验的结果。

曾经有过一个产品讨论，某大厂的高级用户产品经理和高级商业产品经理围绕一个功能争论不休，一个说会损失用户体验，一个说会提升商业化收入。最后，实验上线，既没有用户指标的损失，也没有商业化收入的提升。数据，平息了一切争端。

于是，我也更加认可快刀青衣老师的一个观点："产品经理追求的是结果的正确，而不是自己判断的正确。"在一次又一次的产品迭代和数据反馈中，我们积累了产品认知，从而能够在后续的成长过程中建立更准确的预估，持续做出更大的收益。从这个角度想，我们在用产品方案一次次地训练算法的时候，未尝不是一次次对于自己的训练呢？

输给阿尔法狗不冤，能训练出更好的阿尔法狗才是目标。

尽信数，不如无数

与推荐协作，要求我们有很强的数据化意识：使用数据来衡量业务各个漏斗环节的效率，也会从数据出发来发现业务的问题。不管做什么样的产品改进，大家都会习惯性地问一句：有数吗？

然而，数据是个任人打扮的小姑娘，如果错误解读数据，往往会失之毫厘，谬以千里。

数据是结果而不是原因，是后验而非先验

在业务过程中，我们常常需要基于数据发现业务问题。但是，看到数据的同时，往往还需要多问一个为什么：为什么会有这样的数据表现呢？这个数据是否和认知相符呢？

比如，我们发现某音乐应用，用户往往只创建一个歌单。可经过竞品了解，发现竞品中用户大多数有多个歌单。是什么导致

我们和竞品有这么大的差距呢？如果只看数据，就只能"基于事实"得出我们的用户就是不一般这样的结论。但经过产品路径的梳理后发现，在创建一个歌单之后，应用内新建歌单的入口变得不显著了，从而使普通用户找不到在哪里创建新的歌单。换言之，不是用户没有多建歌单的需求，而是我们的产品抑制了用户的需求表达。

又如，我们希望突出评论在内容分发中的作用，为了证明评论有用，我们开始试图分析评论和分发量的关系。但是，在系统内整体评论量偏低的时候，我们既没有可以用于分析的素材，也没有足够的数据累积。这个时候，与其进一步拉长数据分析的时间周期，去累积更多的数据来证明或证伪这个预设。倒不如选择某个垂类开始经营评论区氛围，使用小范围的数据来进行更有效的说明和补充。

数据反映的是我们业务后验的现状，即是什么，但是我们永远不能寄望于数据分析告诉我们先验的判断，即为什么。产品运营人员可以通过数据分析提升产品方案检验的效率，但是不应该让数据分析替代自己的业务判断。

既要有环节效率意识，也要有全局规模意识

因为业务的抽象化与细分，组织的专业化与隔离，每个人与组织都有了自己负责的环节、关注的转化率指标，这使效率意识主导了绝大多数的业务判断。从微观环节上来看，效率意识是没

有问题的。但如果我们升维到全局重新审视，全局规模意识是一个很好的补充。

案例一，内容产品通过调整推送策略，有更多的人点击推送内容，但是人均的内容阅读量降低了。

从效率角度来说，这个策略是不可被接受的：人均阅读量降低了意味着策略更不精准，我们应该调整策略。但如果从规模角度来衡量，关心的数据就变成了：（实验组人均阅读数 × 实验组人数）PK（对照组人均阅读数 × 对照组人数）。如果在发送规模不变的情况下，实验组能给全局带来更大的收益，那么这样的改进是否能够成为正向的呢？

类似的一个场景是增长投放，只要我们扩大投放规模，大概率会稀释有效用户的占比，那我们投放还放量吗？我们在此基础上衡量的就不应该只是新用户的核心行为转化率，而是有核心行为的新用户数是否在增长，阶段性的性价比是否合适等。

案例二，婚恋产品通过调整资源分配策略，让更多的人相互匹配但是人均匹配的数量降低了，总的匹配对数也降低了。这样的策略能上线吗？

如果我们只关心从曝光到匹配的效率，那么这个策略无疑是负向的；如果我们关心总的匹配数，这个策略也同样是负向的。

但让我们接着抛出一个新问题：一个用户真的需要那么多的婚恋匹配吗？算法天然会倾向于高热的用户，可当一个用户匹配了几十个婚恋对象后，他真的有时间和每个人完成后续的接触吗？

从这个思路延展下去，可能我们就需要对匹配数进行价值的重估，一个用户身上的前N的匹配价值=1；而从N+1开始边际收益下降，其可能的一个匹配价值=0.8；到了2N+1，可能就需要进一步将匹配价值降低到0.5。通过对匹配数的价值重估，我们似乎又有了将新策略全量上线的理由。

数据是用来拟合业务的，抽离出的漏斗环节和效率目标只是为了帮助我们在一段时间内更聚焦，并不能代表业务的全貌。优化局部漏斗的目标，是为了全局业务的成长。只有多看一些数，多一些维度看数，我们才能够作出更好的决断。

不在米粒上雕花，平衡收益与成本

个人一直推崇以"期望收益和成本控制"结合的方式来对产品方案进行衡量和选择。

方案的收益期望=总收益 × 成功的概率 =（单位收益提升 × 影响面）×

成功的概率

方案的成本控制=实现MVP所需要消耗的研发人日

方案的总收益在于，我们所做的改动能够影响多少人，每个人影响了多少。一个面向全量用户的迭代，哪怕只有0.1%的增量，也能积沙成塔。而一个只面向特定人群的迭代，则受限于人群规模上限，产品迭代需要交付出足够大的增量。

我们常看到两种典型情况：其一，业务半径过小导致在米粒上雕花，虽然确实有单位收益的提升，但由于影响面太小，使全局的收益乏善可陈；其二，功能进入了成熟期，过往已经足够精耕细作了，留给后续的空间和可能性不多了。

比如，某个产品经理介绍自己的项目时提到，他用了 3 个月的时间优化了机场的预约泊车转化流程，使进入入口的用户从 30% 的转化率提升到 50% 的转化率。如果单一关注这个漏斗环节，数据成果足够显著，但是如果我们进一步去关注全链路的时候就会发现，进入这个入口的用户一天只有几十人。20% 的提升落地到用户规模、绝对收益和公司利润上，恐怕就不值一提了。

又如，某个产品经理持续地优化某功能的渗透率，在渗透率已经做到相对比较高位的情况下，剩下的种种举动已经收效甚微，你总不能为了追求使用率，将产品功能直接拍到用户脸上吧。

无论是在米粒上雕花，还是持续优化递减的边际收益，我们都可以抛出这样的质疑：难道没有更重要的事情值得做吗？所以在构思方案前，可以更前置地去梳理影响规模和增量空间：所做的改动能够触达多少人，这些人的基础体验是否已经足够好，只有明确了这两个前提，才能够知道自己所做的事情收益几何。

成功的概率，表达的是我们对于方案是否会成功的预判：行业内外有没有成功的先例？过往对于用户和机制的理解能否有力地支持这一产品决策？产品经理不是算无遗策的神仙，而是基于综合信息的决策者。只有多听多看，吃过见过，才有可能持续作出更高质量的决策。

产品决策是一段段前行的桥梁，桥的那头是收益，桥的这头是成本。

为了保证有效和敏捷，就需要尽可能地对产品方案进行提炼和精简，力图以最小的迭代成本验证产品决策的正确与否。在种种产品动作中，究竟哪个是必需的？在所谓的产品组合拳里，哪一招才是给敌人以重创的？

在评审产品方案的过程中，我们经常能够看到繁复而完备的1.0方案。比如，增加一个主题列表的功能，同时补足了数据逻辑建设、用户交互样式、功能开关等周边环节。这时，我总会建议："少做一点，做透一点。"如果整个方案里最核心的部分"主题"都没有吸引用户、拿到收益，那么皮之不存，毛将焉附？出于完备性的各项功能建设无非只实现了逻辑合理性而已，属于没用的正确，业务追求的永远是效果的产出，而非逻辑的严密。

屁股与生态，引起质变的量变

数据是当下描述和衡量业务的一种有效方式，可已有的数据追踪机制并不能衡量和解答所有问题。那么，数据不能衡量的问题就不是问题了吗？就不存在了吗？

对我来说，这是天问，或许只有自上而下地拍才可能确定对策。

数据无法解决的问题之一：屁股决定决策。

业务的分工是为了优化环节的效率，业务的分工同样构建起了环节的边界。不同组织的屁股是坐在不同指标上的，如果一个项目会降低其中某个组织的指标，那该如何决策，如何推进呢？

比如，图文、视频、直播三个部门PK入口流量，三者能够带来的增量各不相同：图文内容能够带来更多的消费量、视频内容能够带来更多的时长、直播内容能够带来更多的商业化收入。入口流量给谁不给谁？真的能说得清、衡量得清吗？三个指标是不等价，不容易拉平的。如果在这三者之间讨论，大概率只会演变为公说公有理、婆说婆有理的絮絮叨叨。

又如，在实际业务中，下线一个功能往往是比上线一个项目更难的事情。人类都是厌恶损失的，尽管你有100个理由来说明这个功能是不合理的，但是这个不合理是可衡量的吗？下线了功能，用户的时长会增长吗？用户留存会增长吗？大概率并不会。而下线了功能，原本的数据收益则会实打实地失去。这就是我们会看到越来越多的诱导点击、越来越多的牛皮癣产品的原因，丑陋但有效。

产品的无序迭代就像是高污染换来的经济增长一样，我们私下都知道这是不好的，台面上却没有谁能够拒绝：增长是看得见、可量化的，而污染的代价却是看不见且不易量化的。

同样的数据可以有不同的解读角度，屁股坐在哪里是个价值观问题，而不只是个数据问题。所以，我很赞同赵鹏老师的观点："业务负责人，40%坐在自己的角度上，60%坐在组织的角度上。"

自下而上尊重人性，自上而下系统纠偏。

数据无法解决的问题之二：生态价值如何考量。

对于内容平台来说，创作者的繁荣是好的，对于电商平台来说，卖家的繁荣是好的。我们从朴素而普适的价值观出发，能够直观地判断什么是好的，什么是不好的，什么是给用户带来实利的，什么只是数据看板上的虚荣指标。

但是，我们在业务的迭代和落地里，真的能够秉持"朴素而普适"的价值观吗？

难！所谓"穷生奸计、富长良心"，如果各个业务团队处于做数的压力下，是很难顾及所谓生态的。当眼里只剩下指标，就会过度地吸纳注意力，降低业务判断力。

比如，销售场景下的过度承诺、过度销售，一定可以将中短期的数据快速吹起来，毕竟退货、退款、投诉的用户是少数，只要控制好"负反馈率"，就能够不断地冲高销售额。

在做教育业务的时候，我就常常感慨，很多行业内的培训机构是不配做老师的，收了钱的前后是两副面孔：收钱之前笑脸承诺，收钱之后冷眼反悔。尽管这些举措是会销蚀品牌的，但是品牌是公司的，又不是个人的，谁会在乎呢？

又如，在业务中经常需要反刍的"过热"问题，我们都知道"单点过热"或"蹭灾难热点"是不对的、不健康的。但是，过热是最容易帮助业务完成指标的。

2022 年 3 月 21 日的东航事故后，某平台邀约作者围绕飞机失事发布内容，并公开承诺相关内容会获得平台扶持；而另一方面，在抖音、快手、B站上，涌现出了几十个自称没有登上飞机的 Up主。

无论是"屁股决定脑袋"还是"业绩压倒生态"的问题，本质或许是中短期量变与长期质变PK的问题。中短期容易观测和感知，而长期只能凭借朴素的价值观和不断的反思与迭代。这或许就是"因为相信，所以看见"的含义吧。

如同冰山的垮塌，一切的裂痕早已在水面下滋生，可只有量变引起质变的时候才会发生轰鸣的坍塌。

数据导向是工具，不是价值观。

数据可以用来拟合业务的目标态，而不应被用来限定业务的可能性。

我们只是在用数据去优化环节的效率，而不应该用数据去框定环节的边界。

尽信数，不如无数。

本章小结

对于产品运营人员来说，想要更好地适应推荐算法、与推荐算法协作，就需要逐步放弃自己的确定性、规则驱动的思考方式，接受非确定性、概率驱动的思考方式。

我们需要意识到，算法是为了实现我们给定目标而优化的，它会一视同仁地对待所有用户、所有服务，所以才会出现那些在人类看来莫名其妙的极端负例。因为，在你看来特别差的结果，在算法眼中无非是一个等同权重的情况而已。

我们同样需要意识到，算法能力让我们得以触及更多的、更广泛的用户。作为产品设计者的自己可能离我们服务的用户很远、很远。在这种场景下，就更需要抱着空杯的心态，来面对体系里那万万千千的用户，接受数据验证的好，而不是将自己认为的好强加给用户。

第六章　推荐外的思考

　　当推荐算法逐步成为业务的标配，开始被应用在越来越多的业务场景中；当我们收获了越来越多的数据涨幅之后，不知道你是否也会有这样的困惑：这些数据指标的提升，真的代表我们的生活变得更好了吗？

　　作为消费者，我们所能看到的世界，似乎在和他人的世界快速融合：在内容服务中，无论切换到哪款视频应用，我们看到的都是千篇一律的热门内容，快手上最火的是辛巴，抖音上近来最热的是小杨哥；在电商服务里，当拼多多超越阿里，成为美股市值最大的中概股时，你会看到所有人都在做低价，品牌消泯、价格为王。

　　作为平台方，我们追求服务好不同层的用户。可是但凡做过产品都会知道，那些为用户指标作出重大贡献的，永远是初阶的小白用户：他们有更多行为，也更容易被引导。一旦定下了某个用户维度的指标，行为更稠密的小白用户势必将算法拉到倾向于他们的角度，淹没所谓的"高端"用户。豆瓣、知乎、B站，这些服务于知识人群的App，似乎也在说明服务"高端"用户，前景不明，"钱景"也不明。

作为生产者，我们的初心是生产更好的产品、更好的内容。可是，当平台对你的要求只有一点：低价，当动不动就是仅退款的操作时，你该怎么做？你是想做原创内容，可是看到搬运再剪辑的内容充斥平台，制造创富神话的时候，你还守得住初心吗？

是科技和算法把世界变成了今天这样？还是世界本就如此，只是被算法披露了真相，将其暴露在你我面前？

推荐会导致低质？

对内容推荐的一个常见误解是：推荐系统会趋向于低质量的内容。得到一个结论很容易，但是深究这一判断背后的原委并非易事，那么下面让我们来仔细讨论一下。

关于内容质量的探讨

既然要评价内容质量高下，那总得有个标准吧，这就引入了第一个问题：

什么是内容质量好？

当我向朋友提出这个问题时，大家往往会陷入短暂的沉默。是啊，对于食品，我们有诸如保质期、配料成分表、制作工艺等方面的要求；对于衣物，我们有型号、材质、洗涤方式的规范；对于内容，这种非标准化的手工产品，是否也存在一套类似ISO9001的标准可以衡量呢？

幸亏身边有纸媒的前辈，让我得以请教纸媒对内容的衡量标准。其曾供职的报社，对优质内容的衡量标准如下。

- 受众角度：读者关注面广，在社会上引起较大反响，为报纸争得明显的效益或荣誉，获普遍好评的热点、焦点新闻稿；
- 策划角度：富有策划、创新意识，极具冲击力和感染力的报道；
- 深度角度：分析透彻、有独到见解的深度报道；
- 题材角度：重大独家新闻、重大调查性报道。

在这个描述中，第一条是站在受众角度的，"读者关注面广""较大反响"，我们可以用阅读量、转发量、评论量等数据指标去衡量；第二到第四条都是从创作者角度出发，属于主观判断的范畴，而"创新""感染力""分析透彻""独到见解"等都是不可量化的描述。

换言之，这样一份优质内容的标准，其实是站在专家角度进行裁决的，即所谓的精英叙事。在传统纸媒中，是交由行业从业者，如主编、副主编来评价的；而对于平台来说，则由垂类内容运营的角色，来完成主题方向下的话题引导、创作者邀约、创作者评级等工作，以建设主题内容。

如果能够达成"内容质量好是一种精英叙事"的共识，进一步的问题是：

如果一篇内容，专家不叫好，是否就应该被过滤呢？

未必。

首先举我个人的例子。我爱看电影，也有翻看豆瓣影评的习惯。可每每看完爆米花影片之后，阅读影评的过程常常让我自我怀疑：明明自己觉得还不错的电影，为啥在影评人眼里变得满目疮痍，充满了各种各样的问题呢？那些自己觉得还不错的桥段，在影评人眼中却成了陈词滥调，缺乏创新与深度。

在猫眼电影工作的朋友用一番解释让我释然："你是观众视角，影评人是专业视角。专业的判断跟大众的喜好通常会存在认知背景的偏差，在技法上有待改进的内容并不意味着缺乏受众。一如范雨素的爆红。在文字技法上，她的内容一定是有缺失的，但是对生活的记录触动了许多人的心。叫好和叫座永远是分离的。"

叫座代表的是一人一票的大众逻辑，叫好则代表了业内专家的视角。

我们会发现"认知差"的客观存在：对于你越不了解的内容，你的鉴赏判断相对越低；而对于你越擅长的内容，鉴赏的品味也就越高。所以，对于同一个内容的质量，不同用户因为鉴赏能力不同，给出的评价就会不同。恰如那句笑言："如果你只是一般专业，你能够吸引来很多的外行；但如果你非常专业，你大概率只能吸引来很少的同行。"

假使交给精英群体来判断，恐怕永远无法诞生快手这样的产品，普通人的内容也大概率无法得到曝光。

2023 年 10 月，有一个被抖音网友热捧的普通人：于文亮，一个留着简单寸头、皮肤黝黑的山东男生。他的视频不用滤镜、不剪辑炫技，就是简简单单的生活记录，甚至常常是直接脸怼到镜头前。这样的视频，显然不属于质量好的范畴，但是收到了数以百万计的点赞量。大家都说，在他身上产生了共鸣，看到了同为普通人的自己。

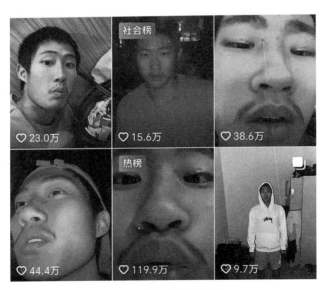

图6-1　于文亮视频截图

这样的内容，我们怎么评价？它绝对不能称为"好"，但也不至于被过滤。在鸡蛋与石头的冲突中，我们或许首先应该倾向于鸡蛋。如果对内容、商品总是以过度专业化的视角进行评判，或许这样的内容将永无出头之日。

最后一个问题：

什么样的内容是低质的且应该被过滤？

内容质量的好坏评价存在一定的主观性，并不意味着我们丧失了对内容质量的约束。借由大量的案例分析，我们能够抽离出一些共识标准，以较少争议、控制误伤量的方式来给出"内容质量差、不宜传播"的标准：

- 从真实性上：歪曲事实、虚假信息等；
- 从阅读体验上：无意义内容、错别字连篇、文不对题、语句不通顺、掺杂广告等；
- 从价值引导上：不正确的价值观导向、煽动对立情绪、低俗色情等。

这也是平台会对特定内容作出干预的原因，记录也许无罪，但不见得适合传播。在"需要过滤的低质内容"的底线之上，作为平台方或许应该对内容和内容创作者保持足够的宽容。

为什么会觉得推荐内容低质？

既然推荐系统已经从安全或者公序良俗的角度将绝对低质的内容过滤掉了，那为什么我们还会时不时地觉得推荐的内容低质呢？恐怕是因为平台的优化目标和用户的行为相叠加，才让一部分用户产生了平台内容质量偏低的观感。

从平台的角度出发，每一个用户都会经历由冷变热的过程。在冷启动阶段，由于缺乏有效的用户画像，为了实现最大化留存的目标，推荐系统势必会优先提供大众化、热门化的内容，试图以高热内容留住用户。

这就使得平时有自己消费内容源的用户，一上来就觉得推荐的内容太过娱乐化，不太符合个人的偏好。以我个人的微博冷启动页面为例，推荐的主题大多是我不太感兴趣的热门主题。

图6-2　笔者个人微博冷启动页面

在冷启动之后，就进入了用户行为塑造自己的画像并影响平台推荐的阶段了。而在这个阶段最常碰到的就是用户的本我和超我之争。讲个真实的段子：

一日聚餐，席间A君说："你们这个不行啊，老是给我推娱乐八卦，应该多给我推一些行业观点、深度分析之类的内容。"

B君道："好好好，把你的用户ID给我，我查询一下，看看推荐算法是不是有什么问题。"

半晌，剧情反转。

B君朗朗道："下午1点半，刷新1次，给你推荐了3条行业资讯、2条体育资讯、1条娱乐八卦，你点了娱乐八卦。下午2点半，刷新3次，你点击了1条行业资讯，3条娱乐八卦。下午3点，刷新……"

众人爆笑，终结谈话，定论：本我超越了超我。

想象一下，一篇八卦和一篇深度分析出现在同一屏里，你会作出怎样的选择？

别看我，我会先点那篇八卦的。

站在马斯洛需求模型的金字塔前，本我制造了足够大的需求。你对一篇娱乐八卦的点击，很有可能是本能驱动的下意识行为。但更多点击娱乐八卦又给了推荐系统对此类内容更强的反馈信息，从而增加此类内容的推荐。如果单纯从推荐系统的点击预估角度来看，更接地气的内容超过高大上内容几乎是必然的。

消费八卦的确帮助你打发了时间、制造了欢愉，但你在偶尔的"超我"自觉自省中，作出了内容推荐很低质的判断。这也是我们在用户访谈过程当中，最常会碰到的一种情况。就像那一个个夜里，你一遍遍跟自己说要早睡，却一次次刷着抖音，直到深夜，然后在某个迟到的清晨怒而卸载抖音应用。

就算用户能够关注自己的手，更多地点击自己偏好的高格调分类内容，使应用不会被大众画风所影响，依然会面对下一个问题：内容的深度与用户认知不匹配。

● 推荐系统可以基于创作者分类和文本分析确定内容分类，但仍然可能会推荐一篇质量平平的科技分析给一个重度的科技用户。在这种情况下，用户还是会觉得内容过水，从而对推荐质量有所微词。

● 类似的情况在电商平台依然存在，用户在不同的品类下的消费水平和消费偏好是不同的，尽管我们能够推荐同品类的商品，却还是会因为品牌和消费水平的不匹配使用户对商品推荐服务不满。

大众化内容一直是消费市场的主流

2003 年,《知音》杂志的平均月发行量达到 738 万册；2004年，其月平均发行量达到 800 万册，最高发行量达到 860 万册。而当我们关注其刊载的内容，发现正是今天饱受诟病的典型标题党样例：《风之谷啊我的妹妹，哥哥的未来献给你》（2007 年第 7期）《再大的恨放下吧，唤醒前夫赢得亲情一片天》（2007 年第

35 期）。

在 20 年前，为什么会有那么多人消费这本杂志，在 20 年后的今天，就为什么会有更大规模的人在消费着类似内容。这个群体本来就在，只是互联网产品突然将所谓的"五环外"和"五环内"连接在了一起，让你看到了那些在你视野之外的内容。抖音、快手这类平台的出现，使普通用户消费内容变得更容易了，从而此类型的内容获得了更大的消费规模。

在互联网内容消费中，以微信读书为代表的出版物阅读算是小众了吧。可当你打开微信读书时就会发现：持续在榜单中出现

图6-3　微信读书中的大众化内容

的书籍仍然还有《读者》《故事会》。

起点白金作家唐家三少曾经在访谈里这样说道："我最主要的读者，一直都是8岁到22岁这群人，最关键的是要抓住他们。如果读者的欣赏能力提升到我无法满足的层面，那么我会果断放弃你。因为你已经提升为'具有一定欣赏能力的读者'，不再是我面对的受众群了。"

因为小白用户是互联网用户的主流，所以普适性的消费内容就成了互联网内容消费的主流。这就使得追求规模效应的内容平台，大量分发的内容必然是普适性导向的。

更平衡的产品设计

尽管推荐技术存在一定局限性，尽管用户的行为反馈总是会表现出泛娱乐化的趋势，但一个理想态的产品是不应该仅以点击规模为导向，仅唯短期数据而论的，我们可以做出的产品设计不应该止步于此。

假如从平台设计者的角度来看，一篇行业深度分析的价值大于一篇内容重复度较高的娱乐资讯，我们就可以重新设计一次阅读的价值，从而通过干预阅读行为权重的方式来对推荐系统的分发进行校准。常见的角度有：

- 内容稀缺度：

越垂直的内容通常供给越稀缺，小类目下的内容点击可能比大类目下的内容点击更有价值。这同样表现在对用户兴趣点的保护上，越小众的兴趣点越应该被赋予更大的权重，从而使其不会被埋没。

- 作者偏好度：

从平台运营和生产者分级的角度来看，每个垂直赛道都会跑出有广泛知名度的内容品牌，他们的内容往往更有品质保障，这些作者的内容就会被赋予相对更高的权重；

从消费者的角度来看，某些用户会对内容来源而非内容类目更加敏感，就需要在推荐的过程中强化同作者的权重，作者与作者之间的相似度，相对降低内容间的相似度。在电商领域，可以理解为用户对特定品牌的偏好度。

- 用户行为拆分：

正向行为：不同的行为代表了用户不同的意图。如果说阅读行为代表的是一种独乐乐的话，其他互动行为所代表的含义显然更丰富。点赞、评论都代表了对内容更感兴趣，分享则意味着用户愿意为之传播和背书，而收藏则意味着这篇内容可能更"有用"。

高级操作：通常"高端"用户是更愿意使用高级功能的，如订阅、筛选、负反馈等操作，通过将高频使用这些操作的用户区分出来，以提升点击和降低负反馈为推荐目标，我们也能够在一定程度上改善目标用户的使用体感。

通过引入更多维度的分析，我们得以更好地量化一次点击的价值，从而让那些平台更偏好的内容可以获得相对更高的曝光量和展示量。从现实的角度来看，内容供给和内容消费一定会是金字塔结构，越基础层的内容就越具有消费规模。但作为理想的现实主义者，我们或许可以在损失可控的范围内，去尝试点击率和理想态的平衡。

个性化的好与好的个性化

什么是好的个性化？

在不改变用户目的的前提下，借由技术手段达成用户效率和体验的提升。

什么是个性化的好？

在既定的指标体系下，借由技术手段不断追求更好的数据表现。

前者是价值观，后者是技术流。一个强调主观目标，一个强调客观标准。这两者在业务发展初期往往会高度一致，但当业务发展到中后期时，往往会出现错位。

以搜索服务为例。

好的个性化，应该如谷歌的价值观，搜索服务做到用完即走，以优化用户的点击满意度为己任。在极客的理想世界里，搜索引擎甚至只应该提供一屏的结果，甚至是基于问答引擎的首位结果，让用户可以快速获得所需。

但在实操当中，我们花了很大精力在做个性化的好，为了追求更长的停留时长、更大的检索规模，产品内部的各种引导方式层出不穷，以侵入式的体验换取数据指标的增长。我们似乎更擅长用各种各样的方式来留住用户，反正绝大多数用户都是小白，也只有绝大多数的用户才能够贡献产品的规模化收益。

内容消费服务亦然。

个性化的好，是对数据指标不断的追求。被验证的指标最优解，大概率是围绕着马斯洛需求模型的底部转圈圈，我们看到网络上会有那么多的"某某惊讶体""某某爱国体"。行业内甚至一度笑言，某某家的产品运营根本不使用自己的产品，因为没有那么多时间可以消磨。

好的个性化，则需要克制欲望，引入更多维度的人工评估来做决策权衡，以可量化的短期指标损失去换取不那么容易量化的消费体验和长期指标。

直观来看，两者或许是对立的：个性化的好，是生意；好的个性化，是理想。

但是，在将推荐技术应用于各种各样的场景之后，如今的我有了新的思考：个性化的好和好的个性化，或许只是时间尺度上的差异。

当我们越聚焦在短期、着重解决当下问题的时候，就会越偏向单一维度指标，使业务非常容易一叶障目，整个推荐体系变得越来越极化，以高热、单一兴趣点、强娱乐化内容为导向；但是，就如同前述章节中提及的推荐密集、品类冷启动的问题，短期数据的繁荣很可能蕴含着熔断式的风险。

而当我们在思考业务的长线价值时，就会不断完善自己对业务的理解、不断修正自己对业务的描述和衡量方式。从而"用魔法打败魔法"，用多元指标替换掉一元的效率指标。

在业务发展初期、在新用户刚开始试用服务的时候，我们的天平会倒向个性化的好，通过更短的路径、更高的效率让用户触达产品的核心功能体验；而当业务已经大到可以称为生态了，当用户稳定留存在我们的体系里，我们就应该让渡一部分效率指标以保障生态建设、保障用户的体验。我们前述章节里提到的公平性指标、生产者分层的处理，就是旨在解决这样的问题。

好的个性化的确是理想。

但唯有理想，才能让我们和我们的用户、创作者一起，穿越周期，把生意变成事业。

改变流量去往的方向

物理世界总是遵循极化效应的：钱总是流向不缺钱的人，爱总是流向不缺爱的人。

同样，在一个分发系统里，流量总是流向那些不缺流量的对象。

在一个以总消费规模为规则导向的系统中，算法规则天然会倾向于那些消费指标更好的热门对象：既然一个内容对象能够在同样的曝光条件下带来更高的消费规模，那么为什么不把流量都汇聚给它呢？于是，更高的曝光权重、更抢眼的曝光样式，被一样样地施加于热门对象身上。系统的意志得以贯彻，看板数据也因此获得了更亮眼的繁荣。

只是，这种选择始终是正确的吗？

作为系统的维护者，我们追求的无限游戏，是系统的持续、健康发展，本质上追求的是用户留存（复购）这样的长线结果指标。

因为长线结果指标相对后置且不敏感，所以我们会退而求其次地寻找那些能够影响长线结果指标，相对更敏感的短线过程指标，如消费规模、点击率等。这些指标往往与核心场景紧密关联，与用户的行为存在正相关性。我们可以近似地认为，这些过程指标增长了，我们就能够实现更好的结果指标。

在边界不断扩展的蛮荒时期，增长是解决一切问题的良药，我们只关注"总消费规模"这一个指标是可行的。而当跨越了"高速发展"的阶段后，规模没那么容易增加了，我们就必然需要引入更多的指标去度量系统，以引导系统"有序发展"。

单一追求总消费规模，隐含一个极简的假设：所有的消费行为是等价的。

所以，当我们围绕消费行为的价值性进行深挖时，就能够提出一系列的问题。

Q1：时间维度，用户的消费行为具有时序等价性吗？

显然不。

如前所述，我们找到了一些敏感的行为和指标来拟合长线结果指标，有两个常见的定义。

当用户在核心场景下完成了某个核心行为，体会到了产品对于他的价值，即为Aha Moment。

当这个核心行为达到某个值，可以显著影响后续的留存或行为的时候，即为Magic Number。

比如，外卖业务的Aha Moment是让用户3天内完成首单；视频业务的Aha Moment是让用户首日看5个（Magic Number）以上的视频。图6-4就展示了一些国外产品所对应的Aha Moment和Magic Number。

我们在做产品的增长策略时，种种围绕新用户的激励引导手段，都是为了促使用户核心行为超过阈值。比如，让用户首日观看5个以上视频，从而保证新用户的次日留存。

对于老用户，其结果指标（如留存、付费等）同样与核心行为相关。所以，我们能看到日常使用的每一个应用都在不遗余力优化流程，引导我们更多地产生行为。

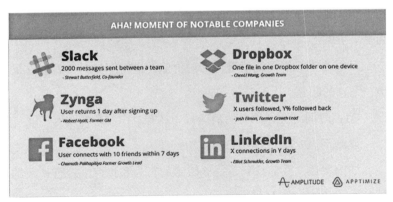

图6-4　国外产品所对应的Aha Moment 和 Magic Number

　　　　　　　　　　　　　　　　　　　　推荐连接万物

但是，随着用户的行为跨过阈值，我们就开始面临新的问题：一方面，个体的行为规模增长是不可能无限扩张的；另一方面，核心行为的进一步增长对次留或付费的正向影响幅度在逐步变小。

如图 6-5 所示：

A区：当用户开始累积核心行为时，他们的行为密度和次日留存开始有显著正相关；

B区：留存下来的用户对应用有了相对完善的认知，更多的行为带来更好的留存或付费；

C区：用户的行为开始放缓，对留存和付费指标的影响也开始放缓。

就单次消费行为的价值而言，A区（留存）>B区（发展）>C区（成熟）。

以短视频产品为例，通常单用户单日消费在 10 分钟、30 分钟和 60 分钟是几个比较明确的时间节点。每当用户的消费时长

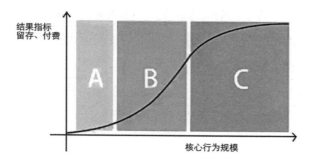

图6-5　核心行为与结果指标留存、付费的关系

超过一个台阶，其留存的增速就会衰减一个台阶。如果用户单日消费超过 60 分钟，那么基本上更多的消费行为可能会对商业化的广告曝光作出贡献，但是已经不太会影响到用户的留存了。

这也是为什么，更大的平台往往多样性更好，而更小的平台供给往往更加单一。对于大平台来说，早已经进入成熟期，更大的用户规模和消费规模，能够调配一部分曝光资源给更小的类目；而更小的平台，往往还在留存和发展期，往往需要给大众化内容分配更多的曝光才能够留住更多的用户。

比如，某短视频平台启动小众视频项目，探索某小众品类在用户群内的分发，每一则视频都有 10 万+的播放量。对于小众类目来说，这个消费规模几乎是不可思议的。细究下来才会发现，这些小众视频的曝光/点击率的确非常低，但是因为平台有足够多进入成熟期的用户，运营人员就将这些内容的探索插入用户消费 1 小时之后。在这个时长之后，用户多消费几则视频、少消费几则视频，已经不会对次日的留存构成什么影响。而聚沙成塔，这个播放量对于小众品类来说，已经是非常可观了。

达则兼济天下，当进入成熟期的用户规模不断变大，平台才会有更大的空间从容地调配这些曝光用于商业化探索、小众品类的探索、新生服务的导流等。

Q2：资源维度，每一次消费行为对用户来说都是等价的吗？

显然不。

彼之珍宝，吾之草芥。对于同一个用户来说，不同的消费对象给他带来的体感价值是不一样的。我们可以从用户的消费满意度、需求紧迫程度、资源的稀缺度等角度来考量。

在内容领域，我们试图通过刻画一次"满意"的消费行为，来拟合消费行为对用户的价值。典型的，有互动的行为>没有互动的行为，一次完整播放的行为>没有完整播放的行为，从而产生了互动率、完播率、跳出率等一系列的内容消费指标。

在招聘领域，HR招募到一个相对紧缺岗位的员工，显然比招聘到一个不那么紧缺岗位的员工满意度高。所以，我们可以从不同岗位行业的供需比，用户的招聘行为密度来判断用户对招聘岗位的急迫程度和难度。能够帮助用户招聘到更紧缺岗位的员工，才能够给用户带来更好的体验。

在即时零售领域，能够让用户买到一个自己急缺的小众的商品，显然比买到一个大众商品的商品满意度要更高。以便利店为例，便利蜂在自己的货架上摆上了化妆棉、睫毛夹、卸妆水、丝袜等商品。原因就在于这些商品对女生来说是刚需商品，它们不会经常出现在消费者的购物清单上，但是需要的时候非用不可。假如一个上班族女生在公共交通上剐破了丝袜，那么便利店里的丝袜就成了她缓解尴尬的良药。

通常，我们通过观察用户的搜索无结果情况、用户的主动反馈信息来发现那些让他们感到不便的应用场景。优化这些特定的场景不一定会带来显著的规模效应，但是能够切实提升用户的满意度。以国内几家公司的搜索服务为例，在90%的情况下，大家能够提供的搜索结果满意度都是差不多的。真正能够影响用户、塑造品牌的是那 10% 的情况，让用户感到便利，让服务获得收益。

Q3：用户维度，每一个用户的消费行为都等价吗？

显然不。

从金额角度，在经典的RFM模型里，基于最近一次消费的时间、消费频次、消费金额将用户群划分到 8 个象限，不同象限内的用户对应不同价值的划分。从而，我们可以更清晰地看到那些应该关注的用户群，以及围绕他们应该发力的方向。

如图 6-6 所示，1 部分的用户消费金额高、消费频次高、最近一次消费时间间隔短，自然是我们应该高优关注的对象。他们每一次满意的消费行为，都能够给我们带来潜在的更大的收入预期。

对比 4 和 8 两部分的用户，他们都很久没有回访了，对于服务来说是待召回的用户。但 8 部分的用户消费频次低、消费金

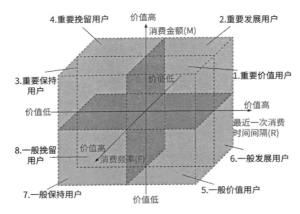

图6-6　RFM模型中对不同用户的价值划分

额低，显然应该花更大力气来吸引 4 部分的用户回流，重新进行消费。

在游戏和直播领域，通过消费金额进行划分是一个典型的划分方式。每家公司的运营团队，都会维护一个重要客户列表，类似于企业端销售的业务对于关键用户的管理，从产品功能、运营服务角度对这个群体进行专门的优化。

除了消费金额的角度，对一些有自己调性的社区来说，用户的不等价性就尤为凸显。有这样一个比喻：

符合社区调性的用户是干细胞，能够给社区带来更多的可能性和助力；

不太符合社区调性的用户是脂肪，对社区来说没啥助力，但好歹也没有太大的副作用；

与社区调性冲突，或者利用规则寻租和作弊的用户则是癌细胞，如果不及早清除，极有可能会影响整个社区的健康。

让那些符合社区调性的用户活跃起来，他们能够更多地生产出可消费性的内容，让社区产品广为传播。他们自己享受社区服务的同时，也帮助社区服务进一步明确了自己的品牌定位和影响力。

反之，如果单纯为了追求用户规模数字，快速地引入大量不符合社区调性的用户，他们不仅对社区没有贡献，还会极大地影响那些"社区原住民"的使用体验，从而使后者不愿意发布内容，降低使用频率，甚至离开社区。

以知乎为例，一直饱受诟病的就是杠精文化。当你辛辛苦苦回答完问题之后，总有几个秀智商优越感的用户过来指指点点，一盆冷水浇下来，你就再也没有回答问题的精气神了。

为了解决这个问题，知乎社区的AI机器人"瓦力保镖"专门围绕阴阳怪气、引战等不友善内容的识别进行算法策略升级，从而使得处理能力大幅提升。援引官方数据："对不良信息的识别和处置，由日均4万条提升至日均14万条，实时拦截处理能力相较之前提升260%。"每天要处理14万条不良信息，社区维护氛围的压力可见一斑。

这也是为什么每一个社区都在多多少少经历扩圈的阵痛：因为新涌入的用户需要经过和原住民的冲突、融合与共生的过程。如果扩成功了，自然是用户与商业生态双繁荣；若是扩失败了，会因为伤害了原有用户的体验，使本来的影响范围也保不住了。

时序性、消费的对象、消费者本身的三个问题，都旨在说明：我们追求日活、追求消费规模，只是将复杂的业务抽离到一个相对简单的数据指标。这种简化的过程自然带来了信息量的损失。而类似的细化问题，还可以提出来很多。

每一个消费对象背后的生产者都等价吗？每一个消费对象是可以无限复制的还是有库存、有服务能力上限的？每一次消费行为的成本和收益情况是否是等价的？等等。

每一个问题的提出与回答，每一个假设的推翻与重建，都促进了我们对业务立体性的思考，让业务的规则导向、指标导向更加立体和完善。

"高速"地发展，是掩盖一切问题的不二法门，这是各个业务都会追求规模，将数量指标排在首位的原因。

"有序"地发展，是避免问题雪崩的唯一出路，这是我们需要深挖价值，补充各种各样质量指标的初衷。

比如，对网约车业务来说，单量是数量指标，渗透率、安全性和利润率则是质量指标；对电商平台来说，GMV是数量指标，优质卖家数、品类销量等则是质量指标；对于消费品牌来说，GMV是数量指标，复购用户数、利润率等则是质量指标。

从数量指标到质量指标的再平衡，就是一个业务去肥增瘦的过程，在这个过程中，规模指标可能没有显著增长，但是用户NPS和商业化收入都能够得到更大的提升。

如同滔滔江水，流量总会流向不缺流量的对象。

但作为平台的经营者，我们终究需要改变流水的方向，让流量能够灌溉到更广阔的地方，激发出可能的勃勃生机。

本章小结

我很喜欢小红书将产品比作城市的说法，在经历了不同的平台、不同的业务之后，也会越来越深刻地意识到：产品空间在某种程度上是一个线上的虚拟空间。无论你将它比作一个商业体，还是一座城市，都不免会涉及规划：流量的分配、用户的动线、产品服务的升级等问题。

数据，是后验，只能够告诉我们已经发生的事情是好是坏。

对业务的思考，才是前验，能够驱使我们走上可能性的道路。

我们通过工作给自己带来了收入，所以需要去做数，把核心指标做高；我们同样通过工作影响了万万千千的用户，所以需要去关注数字之外的部分，去思考我们是否真的让世界变得更好了一些，是否能够在指标可容忍的范围内，让用户看到更多的可能性，让产品更趋近我们的理想。

后　记

在过去的 5 年里，我更换了 3 家公司，从字节跳动到知乎，再到 Boss 直聘，不同的业务形态给了我不同的尝试空间，不同的项目历练也让我有了不同的思考模型。

如果说在 5 年前，推荐能力还是我手中紧握的屠龙宝刀的话，那么在今天，推荐能力已然是手边兵器架中的一员了，它的旁边还有功能产品能力、运营能力、内容能力、市场能力，等等。

推荐仍然是一种非常强大的能力，在大规模、大体量的产品上能够起到至关重要的作用；但我们同样需要具备更多样的能力，也需要了解在何时何地，应该应用何种能力。

这 5 年不同业务的切换，不同角色的切换，给我触动最大的有两点。

其一，因地制宜。

我碰到过很多从字节跳动离职的同事，每个人在加入新公司后都会感慨在字节跳动的日子有多"壕"。这种"壕"表现在完善的数据基础建设和高配比的研发数量上。只要产品运营有想法，就能够得到实践和实验，并基于AB数据进行决策。重要业务甚至可以允许一定的冗余度，让两个大投入的方案同时在线AB实验。这样的奢侈，是许多中小型公司无法企及的。在某种程度上，为业界称道的字节速度，完完全全是靠钱堆出来的。

而当从这样的环境离开的时候，从富裕到紧缩的落差，常常让很多同事感到水土不服：环顾四野，除了宏伟的愿景，就只剩下惨淡的数据基建和有限的研发资源，一时间竟不知道要从何着手。

在和某个朋友谈及他想要跳槽到中厂时，我们探讨了这样一个问题：如果离开大厂，你手头的事情还能做成吗？如果在大厂里，让一个人来替换你，你这件事情还能做成吗？

如果离开大厂，业务就再也无法复制和精进；如果在大厂里换一个人来负责，业务仍然能够稳定有序地推进。那么，说到底，成绩是大厂给你的，而不是你给大厂的，你的不可替代性和可复制的能力又在哪里呢？

完备而成熟的环境，能够增进我们的见识；初创待耕耘的环境，才能够提升我们的能力，创造出新的成绩。只有因地制宜，才能让我们将大厂所见、所得慢慢内化成自己的所想、所做，让经历过的项目得以在手中重生。

比如，我们需要提升一个业务指标的时候，是否一定需要获得完整的数据基建、埋点体系、策略框架，然后才能够开始行动？又或者，在我们只有相对粗糙的数据、大体的背景下，就已经可以着手开始业务迭代了？

其二，跳出来看问题。

在今天高度体系化的背景下，数据驱动业务迭代的重要性已经不需要赘述。但是，物极必反，当一个个产品经理像齿轮一样嵌入整个体系之后，就会过度聚焦在自己所负责的齿轮上，过于执着于数字，却忘记了：

数字只是对业务目标的拟合与抽象，而不是业务的全部。

我们提供产品服务的最终目的是取悦一个个微观而具体的用户，而不是一个个宏观而抽象的数字。

在具体工作中，我们所负责的某个数字只是更大目标数据的一个环节，优化单个环节固然重要，可是更重要的是明白我们的环节对全局目标的贡献是什么，我们为了优化全局目标，更该做的是什么。

比如，负责搜索功能的产品经理除了优化搜索策略，还在不遗余力地推进搜索功能在用户中的渗透率，在各种各样的场景里增加搜索的入口。

但是，用户真的需要搜索吗？搜索对于我们的产品生态真的重要吗？

在随后的业务复盘里，我们发现搜索对业务来说只应该作为少数用户的高端功能，我们应该鼓励更多用户在推荐的场景下完成服务闭环，这样才能够获得用户和平台的共赢。因此，之前增加的各种搜索入口被悉数下线。

在你的工作过程中，是否也做过这些"加入口"的流量决策？它对于全局真的是有效的吗？

在当下，互联网已经从高增速、高发展回落到常规增速、常规发展。不同的互联网业务的精细化、不同传统业务的互联网化，都不太可能带来用户的大规模增长，我们要做的更多是精细化的挖掘，从存量里找增量。

作为产品服务的构建者，我们需要不断放下：放下大厂的ego，更接地气地去观察、体会、理解目标用户在目标场景下的行为动作和决策逻辑；放下对推荐、数据的执念，逐步积累更多的工具与方法论。唯有这样，我们才能够打磨出更加符合用户需求的产品服务，构建出更大的可能性。

图书在版编目（CIP）数据

推荐连接万物 / 闫泽华著. -- 北京：中国工人出
版社, 2024. 8. -- ISBN 978-7-5008-8500-9

Ⅰ. O212.4

中国国家版本馆CIP数据核字第 2024FA1113 号

推荐连接万物

出 版 人	董　宽	
责 任 编 辑	邢　璐	
责 任 校 对	张　彦	
责 任 印 制	黄　丽	
出 版 发 行	中国工人出版社	
地　　　址	北京市东城区鼓楼外大街45号　邮编：100120	
网　　　址	http://www.wp-china.com	
电　　　话	（010）62005043（总编室）	
	（010）62005039（印制管理中心）	
	（010）62001780（万川文化出版中心）	
发 行 热 线	（010）82029051　62383056	
经　　　销	各地书店	
印　　　刷	北京市密东印刷有限公司	
开　　　本	880 毫米 × 1230 毫米　1/32	
印　　　张	9.25	
字　　　数	200 千字	
版　　　次	2024 年 10 月第 1 版　2024 年 10 月第 1 次印刷	
定　　　价	58.00 元	

本书如有破损、缺页、装订错误，请与本社印制管理中心联系更换
版权所有　侵权必究